PANDEMIAS
A humanidade em risco

Consulte nosso catálogo completo e últimos lançamentos em **www.editoracontexto.com.br**.

PANDEMIAS
A humanidade em risco

Stefan Cunha Ujvari

editoracontexto

Capa
Alba Mancini

Diagramação
Euclides Armando dos Santos

Preparação de textos
Lilian Aquino

Revisão de prova
Flávia Portellada

Dados Internacionais de Catalogação na Publicação (CIP)
(Câmara Brasileira do Livro, SP, Brasil)

Ujvari, Stefan Cunha
Pandemias : a humanidade em risco / Stefan Cunha Ujvari. –
1. ed., 2ª reimpressão. – São Paulo : Contexto, 2020.

ISBN 978-85-7244-632-7

1. Doenças transmissíveis 2. Epidemias 3. Pandemias 4. Vírus
I. Título.

11-00913 CDD-616.909
NLM-WC 011

Índice para catálogo sistemático:
1. Humanidade : Pandemias : Medicina 616.909

2020

EDITORA CONTEXTO
Diretor editorial: *Jaime Pinsky*

Rua Dr. José Elias, 520 – Alto da Lapa
05083-030 – São Paulo – SP
PABX: (11) 3832 5838
contexto@editoracontexto.com.br
www.editoracontexto.com.br

SUMÁRIO

A REPETIÇÃO DA PNEUMONIA ASIÁTICA DE 2003

A indústria cinematográfica aborda com frequência temas catastróficos. Acidentes, alienígenas, mudanças climáticas e catástrofes naturais recheiam as telas de Hollywood. Como não poderia faltar, os filmes também falam de epidemias mortais com chances de dizimar parte da humanidade. Assim foi em 1971 com a estreia de *O enigma de Andrômeda*, com Arthur Hill e David Wayne no elenco. A história relata o surgimento de uma bactéria letal vinda num satélite que cai em uma pequena cidade do interior. Os cientistas lutam contra o tempo para descobrir como combater a misteriosa bactéria que se disseminou pelo vilarejo. A esperança de cura está em saber como apenas duas pessoas sobreviveram: um bebê e um idoso. A realidade está muito distante em *O enigma de Andrômeda*.

Porém, Hollywood aprimorou o roteiro da ficção e tornou-o mais real em 1995, com a estreia do filme *Epidemia*. Estrelado por Dustin Hoffman, o filme conta o surgimento de um vírus letal que pode se alastrar pela América. San Daniels (Hoffman) é um epidemiologista, coronel do exército americano, recrutado para investigar o surto. O vírus se originou em um macaco africano trazido de forma clandestina aos Estados Unidos. As cenas mostram, de forma clara, como o viajante que trouxe o primata, contaminado por ele, transmite o vírus para outras pessoas no aeroporto e hospital. O roteiro alerta para a possibilidade de surgir uma nova doença mortal que leva os pacientes ao óbito em poucas horas. Para completar, existe um mistério na alta cúpula militar americana que tenta afastar o coronel Daniels do comando da missão.

Dificilmente a indústria cinematográfica imaginava que a ameaça do filme de 1995 poderia estar tão próxima. Guardadas as devidas proporções da extensão da epidemia e do número de mortes, pode-se dizer que a ficção se tornou realidade em 2003. Basta mudarmos o continente da história do filme, o animal que originou o vírus, a maneira como o vírus atingiu o primeiro humano, diminuir bastante o poder de disseminação viral e reduzir a mortalidade. Pronto, estamos diante da epidemia da SARS (Síndrome Respiratória Aguda Severa) de 2003.

A evolução dessa epidemia é semelhante a uma história de ficção. Porém, é a mais pura realidade o perigo que a humanidade passou naquele ano e, pior, há chance de pandemias por vírus semelhantes ao da SARS surgirem novamente, por motivos que mostraremos adiante.

O INIMIGO EMERGE DAS MATAS

O cenário inicial da catástrofe de 2003 ocorreu, provavelmente, no interior das matas do sudeste asiático. Um mamífero de pequeno porte protagonizou o nascimento do vírus da SARS: o civeta ou gato almiscarado. Habituado às colinas e às montanhas das florestas, esse predador felino caminha pelo solo, escala árvores e perambula pelos galhos. Sua pelagem, densa e clara, é camuflada com manchas e listras. O civeta esgueira-se pelas folhagens e dispara botes noturnos contra roedores, insetos e pássaros. A fêmea, boa parte do tempo, cuida da prole enquanto o macho esfrega suas glândulas anais em rochas e troncos para demarcar território.

A pelagem do civeta não o camuflava do predador humano, que invadia as matas com redes e armadilhas. Gaiolas com dezenas de civetas deixavam as florestas com destino aos entrepostos. Caçados, a vida desses felinos se transformava em um inferno, sendo privados de água e alimento e obrigados a trocar a vida selvagem pelo confinamento em gaiolas superlotadas, que trepidam na carroceria dos caminhões em longas jornadas por estradas de terra e pedras. O pequeno civeta selvagem era, agora, um animal confinado, estressado e debilitado, rumo às criações espalhadas pelo território chinês desde a década de 1980, época em que se difundiu a culinária de sua carne. Tudo isso contribuiu para enfraquecer as defesas dos civetas capturados, e um novo vírus que circulava nesses animais depauperados se multiplicou sem freio. Talvez esse vírus mutante já se proliferasse nos civetas desde a metade de 2002.[1] As mutações tornaram o vírus capaz de infectar células humanas. Os civetas cercados tinham, agora, a presença do novo vírus que aguardava o momento certo de dar o bote na humanidade. Era o vírus responsável por uma nova doença: a SARS.[2] Circulava no sangue dos animais e era eliminado em grandes quantidades nas fezes e secreções. Atingir o homem seria questão de tempo.

Os destinos dos civetas eram os mercados das cidades interioranas da província de Guangdong, no sudeste da China. As cidades dessa região crescem de maneira exponencial há anos. O comércio intenso e a industrialização atraem moradores das áreas rurais pobres que se aglomeram nos bairros populares. Os imigrantes são absorvidos por inúmeros empregos de mão de obra barata em busca do sonho de enriquecimento urbano, e muitos vão trabalhar nos restaurantes locais. Os pratos típicos e apreciados pelos moradores são feitos com animais selvagens.

Os civetas eram descarregados nesses mercados urbanos de Guangdong e abasteciam os restaurantes. Os gatos selvagens ficavam com outros animais capturados em locais distantes. Todos destinados à mesa dos restaurantes. Caminhões traziam macacos da Índia e do Bangladesh. Tailândia e Laos forneciam cobras e lagartos. Pássaros vinham da Indonésia. Do Vietnã, fornecedor principal, vinham tartarugas, primatas, cobras, pangolins, além do protagonista da SARS: o gato almiscarado ou civeta.[3]

Em novembro de 2002, os restaurantes de Guangdong acomodavam gaiolas e mantinham cercas nos fundos. Animais separados por espécies aguardavam o momento do sacrifício para suprir o paladar dos chineses. Os empregados dos restaurantes acolhiam os pedidos dos clientes. Os cozinheiros caminhavam aos bastidores das cozinhas e apanhavam as espécies animais dos pedidos. Com habilidade, pegavam cobras, patos, gansos, pangolins, lagartos, ratos e tartarugas. Para segurar os civetas estressados e agressivos, necessitavam de luvas apropriadas para proteção contra mordidas e arranhões. O animal era então sacrificado, destrinchado e cozido.

É fácil imaginar como ocorreram os primeiros casos da infecção humana pelo novo vírus em meados de novembro de 2002. As cozinhas desses restaurantes ficavam atapetadas de fezes, urina, sangue e secreções dos civetas abatidos. Os vírus repousavam nesses líquidos dispersos no solo. A pele dos trabalhadores, principalmente a das mãos, eram envernizadas com líquidos e secreções animais portadoras do novo vírus. Levar as mãos contaminadas aos olhos, nariz ou boca era o suficiente para a infecção. A limpeza do piso com vassouras dispersava uma poeira venenosa, inalada pelos funcionários. O vírus alcançava as mucosas respiratórias e o pulmão. A cena poderia ser emprestada para um filme de Hollywood: o pobre trabalhador chinês sendo infectado por um novo vírus letal proveniente do civeta.

Agora, na província de Guangdong, os vírus dos civetas conseguiram transpor a espécie. Partem dos gatos almiscarados e atingem a espécie humana. Inicia-se uma nova história para esse vírus, que se multiplicará e tentará perpetuar sua sobrevivência através do homem. Dá-se início a epidemia humana da SARS que matou 10% dos acometidos e quase se globalizou em pandemia. Quem disse que não estamos sujeitos a uma nova epidemia mortal causada por um vírus desconhecido?

NEGANDO O PROBLEMA

O vírus disseminou-se pela província de maneira despercebida por quase dois meses. Chineses infectados com tosse, febre e falta de ar procuravam hospitais. Diagnósticos errados adiaram a descoberta da nova doença. O inverno chinês é repleto de casos de gripe, pneumonias e outras doenças respiratórias. Quem poderia imaginar que aquela infecção seria causada por um novo vírus emergido em Guangdong? Os doentes tossiam e espirravam, transmitindo o vírus para outras pessoas, até então sadias. O vírus encontrava novas mucosas respiratórias e voltava a se multiplicar. E por ser um vírus novo, toda a população era suscetível. As mãos contaminadas pela tosse e pelo espirro também transferiam o vírus para outras pessoas. É o mesmo mecanismo de transmissão da gripe suína que estamos cansados de conhecer por rádios e jornais.

A TOSSE

A tosse elimina cerca de 6 miligramas de gotículas de saliva, e quase um litro e meio de ar a uma velocidade média de 80 km/h.[4] O centro cerebral que comanda a tosse é próximo ao do vômito, motivo pelo qual não raramente vomitamos durante um acesso de tosse.

O vírus ganhou terreno no primeiro mês e meio da sua chegada, período em que passou oculto. A doença se alastrou por cinco cidades do interior da província: Foshan, Jiangmen, Zhongshan, Guangzhou e Shenzhen.[5,6] Porém, viria a ganhar terreno pela conduta equivocada do governo chinês em reconhecê-la e combatê-la. Aqui novamente encontramos uma cena típica de Hollywood: militares ocultando fatos da população. A ficção se torna realidade.

No início de janeiro de 2003, o diretor do Departamento de Saúde da província chinesa convocou médicos e cientistas para uma reunião de urgência na cidade de Guangzhou. Os profissionais receberam a missão de investigar o surto de uma misteriosa doença na cidade de Heyuan, cujo Departamento de Saúde enviara um comunicado perturbador. Dois pacientes com sintomas de infecção respiratória foram internados em meados de dezembro de 2002. Seus diagnósticos não foram conclusivos, não determinaram a causa da infecção. Porém, boa parte das pessoas que cuidaram dos pacientes começou a apresentar os mesmos sintomas. Poderia ser uma nova doença humana, altamente contagiosa e transmitida para médicos e enfermeiras que tiveram contato com os doentes.

A equipe de profissionais recrutada partiu para a cidade. Investigaram os casos, reviram prontuários médicos, conversaram com profissionais da saúde e parte da população. Não encontraram indícios de alarme, mas também não chegaram à conclusão de qual bactéria ou vírus causou aquele pequeno surto hospitalar. O relatório foi tranquilizador, tudo o que o governo chinês queria. Jornais publicariam notícias de que a epidemia não passava de um rumor.

O vírus avançou livremente por mais três semanas pelo interior de Guangdong. O número de pessoas com febre, cansaço, fraqueza, dores pelo corpo e tosse aumentou nas cidades. O vírus alcançava os pulmões e se replicava dentro de suas células causando um dano intenso. Quase metade dos doentes tinha lesões pulmonares.[7] Muitos tinham dificuldades para respirar. Inspiravam o ar, mas sentiam como se não existisse oxigênio, pareciam estar em uma câmara de gás. Pulmão danificado foi a *causa mortis* de cerca de 10% dos doentes no computo final da epidemia. Uma taxa extremamente elevada que Hollywood gostaria de incluir em seus roteiros.

Diante do caos e dos boatos crescentes vindos das cidades, o grupo de médicos e cientistas foi novamente recrutado pelo Departamento de Saúde em 20 de janeiro. Dessa vez não era um surto hospitalar, a doença se alastrava entre moradores de três grandes cidades. Um tímido pânico levava a uma corrida às farmácias em busca de remédios. A doença era contagiosa e se disseminava na comunidade. Crescia o número de médicos e enfermeiras acometidos. Um novo relatório era necessário.

Dessa vez, o grupo de consultores foi mais incisivo. Guangdong vivia uma epidemia altamente contagiosa, cuja transmissão era aérea e sua causa desconhecida. A tosse, o espirro e até mesmo a fala expeliam o agente infeccioso e transmitiam a doença. Diante disso, os pacientes deveriam ser isolados. A população deveria ser orientada para lavar as mãos com frequência. Médicos, enfermeiras ou qualquer pessoa em contato próximo com os doentes deveriam usar gorros, luvas, máscaras e aventais. Diferente do primeiro relatório, esse desagradou o partido do governo chinês. Um vírus novo, uma epidemia ou nova doença eram sinônimos de desestabilização da nação, prejuízo econômico e sinal de governo fraco ou incompetente. Situações como essa eram tratadas como segredo de estado. Divulgar notícias alarmantes podia ser rotulado como traição. Além do mais, o grupo de médicos não afirmou tratar-se de um novo vírus, já que poderia ainda ser uma pneumonia atípica causada por algum agente já conhecido. Ainda era cedo para alarme.

O governo chinês não divulgou nenhum alerta de epidemia às agências internacionais de saúde.[8] A Organização Mundial de Saúde (OMS) apenas recebia rumores do que ocorria no sudeste do país. O novo relatório dos médicos chineses foi repassado apenas a um grupo seleto de pessoas da alta hierarquia do governo chinês. A notícia sobre a epidemia e os cuidados para não se infectar foram enviados aos líderes do partido, chefes de departamentos de saúde, diretores de hospitais e oficiais superiores. Os despachos traziam o rótulo: segredo de estado. Caberia a essas pessoas orientar os profissionais de saúde. Somente elas poderiam abrir os envelopes. Porém, muitos estavam em férias. Tudo contribuiu para retardar a implementação das medidas profiláticas e conter a epidemia.

Apenas em 11 de fevereiro de 2003 o governo chinês relatou oficialmente a epidemia de Guangdong à Organização Mundial de Saúde[9], quase três meses após seu início. Mesmo assim, informava que, provavelmente, tratava-se de alguma bactéria conhecida e encontrá-la seria questão de tempo. Isso induziu certa tranquilidade e desencorajou qualquer medida mais enérgica para conter o avanço do número de casos. O Ministério da Saúde da China, em meados de fevereiro, informou à OMS que a epidemia caminhava para o controle. Porém, a SARS avançava como toda epidemia, e em seu caminho estava a cidade internacional de Hong Kong.

DE UM HOTEL AO MUNDO

A chegada da SARS em Hong Kong e sua disseminação para outros países mimetiza uma coreografia cinematográfica. O filme *Epidemia* mostrou a cascata fictícia de transmissão do vírus desde sua partida na África, passando por aeroportos e hospitais. A ficção novamente se transforma em realidade com a SARS. Parte de sua cadeia de transmissão pôde ser contada em estilo romântico desde a chegada em Hong Kong. Tudo começou em um hotel da cidade.

Em 21 de fevereiro, a OMS aguardava notícias do governo chinês quanto à situação de Guangdong. Até então, não imaginava que se tratava do surgimento de um novo vírus. Esperava a confirmação da bactéria ou do vírus responsável, e a confirmação chinesa de que o surto estaria controlado. Porém, nesse mesmo dia o vírus aportava em um hotel de Hong Kong.

Liu Jianlun, professor e médico nefrologista de 64 anos, chegava a Hong Kong proveniente do interior da província. Liu atendera pessoas infectadas pela SARS em sua cidade. A tosse de seus doentes expulsou o vírus que chegou às mucosas respiratórias do médico. Liu sentiu-se mal cerca de cinco dias antes de chegar a Hong Kong, porém não imaginava estar com a misteriosa doença.

No primeiro dia na cidade, Liu fez o *check-in* no Hotel Metrópole e recebeu seu cartão de hospedagem direcionando-o ao nono andar, quarto 911. Após acomodar suas bagagens, o nefrologista sentiu-se bem o suficiente para passear por pontos turísticos da cidade na companhia de seu cunhado. As dez horas que passaram juntos foram suficientes para que a tosse de Liu transmitisse o vírus ao cunhado que, logo teria seus pulmões agredidos pela multiplicação viral, seria internado em alguns dias e morreria no hospital, contaminando as enfermeiras que cuidaram dele.

Quando Liu retornou ao hotel, estava bem mais debilitado. A tosse piorara, a febre persistia e surgiram indícios de comprometimento pulmonar: respirava com dificuldade. Doente, ofegante e tossindo, circulou pelo *lobby* do hotel, apanhou o elevador, talvez com mais hóspedes, e caminhou pelo corredor que conduzia a seu quarto. Passou uma noite na esperança de amanhecer melhor dos sintomas. Porém, seu quadro piorou e, no dia seguinte, o médico percorreu o caminho inverso, saindo do hotel em direção ao hospital. Nesses trajetos, Liu transmitiu a doença para outras pessoas hospedadas no Hotel Metrópole. A SARS se globalizaria e ele, internado no mesmo dia, morreria em pouco mais de uma semana com seus pulmões destruídos.

DISTRIBUIDORA DE EPIDEMIAS

Hong Kong foi, por diversas vezes, o marco inicial de pandemias devido a sua característica de cidade internacional. Em 1894, a cidade viu eclodir a peste bubônica, vinda do interior. Seu porto lançou embarcações contaminadas para Índia, Havaí e São Francisco. A pandemia da "gripe de Hong Kong" iniciou-se em 1968 e, exportada, percorreu o mundo. Os primeiros casos humanos de infecção pelo vírus da "gripe do frango" ou "gripe aviária", o H5N1, também ocorreram em Hong Kong, em 1997. Em 2003 foi a vez do vírus da SARS.

No quarto 910, bem em frente ao do dr. Liu, estava hospedado um empresário de confecções, de 49 anos. Ele fechou sua conta no dia seguinte da partida de Liu. As pouco mais de 24 horas que permaneceu no hotel foram suficientes para que inalasse o vírus expelido pelo nefrologista. Talvez no elevador. Talvez ao se esbarrarem na saída dos quartos. Talvez ao se cruzarem no corredor.

O empresário voou para Hanói. Participaria de uma reunião de negócios e, com ele, seguia o vírus da SARS para o Vietnã. Durante três dias lutou contra os sintomas iniciais e leves da doença, acreditando estar com alguma virose inofensiva. Porém, no dia 26 de fevereiro, com os pulmões exaustos, foi internado em um hospital de Hanói. Durante 48 horas o paciente recebeu visitas das equipes de saúde, sendo examinado por médicos, residentes e enfermeiras que, sem saber dos riscos, se expunham ao vírus da SARS. Vários desses ficariam doentes pela epidemia que avançava por Hanói. Somente no dia 28 de fevereiro o infectologista Carlo Urbani foi chamado para auxiliar no diagnóstico do paciente. A estranha infecção não mostrava indícios de melhora. Urbani foi o primeiro médico a desconfiar de que se tratava de uma nova doença com potencial elevado de contágio. Recomendou o isolamento do paciente e alertou a OMS de sua suspeita. Mas já era tarde demais para a utilização de máscaras, luvas, gorros e aventais. O empresário infectado no hotel de Hong Kong transmitiu a doença para mais de trinta profissionais de saúde e precipitou a epidemia no Vietnã. Urbani contraiu o vírus e morreu.[10]

Enquanto o Vietnã enfrentava o início da epidemia, os hospitais de Hong Kong começavam a relatar a doença entre médicos e enfermeiras. Três hospitais atenderam pacientes provenientes do Hotel Metrópole. A SARS avançava na cidade chinesa de Hong Kong.

Três aeromoças hospedadas no nono andar do Hotel Metrópole, também contaminadas, viajaram para Singapura e, uma delas, com a progressão dos sintomas, foi internada. A jovem de 23 anos que havia retornado de férias de Hong Kong não despertou suspeita da equipe médica, que pensou ser mais um caso de pneumonia. O hospital não a isolou, pois até então não se sabia da epidemia vigente. Conclusão: o vírus avançou nos profissionais da área de saúde, amigos, parentes e habitantes da cidade.[11] Mais de 200 pessoas foram acometidas pela SARS. O Hotel Metrópole de Hong Kong despachara o vírus para duas nações vizinhas e também o enviaria para o outro lado do Pacífico.

Um casal hospedado no hotel de Hong Kong retornaria ao Canadá. A senhora de 78 anos, abatida por diabetes e problemas cardíacos, seria consumida pelo vírus.[12] Havia deixado o hotel no dia seguinte da partida forçada do nefrologista. Ao chegar em Toronto, foi recebida por sua família. Os sintomas da estranha doença se iniciaram e, acamada, foi cuidada e visitada por familiares e amigos. Sua residência foi palco da contaminação de membros de sua família que mantiveram contato próximo. Seu filho de 44 anos morreria contaminado. A epidemia da SARS caminhava, agora, na cidade de Toronto, que registraria mais de 200 casos.[13] Outros viajantes contaminados retornaram a Vancouver, porém, lá não ocorreu progressão da doença.

Em meados de março, a epidemia crescia e conquistava China, Vietnã, Singapura e Canadá. Outros países relatavam casos da doença em viajantes que retornaram das áreas afetadas, entretanto a epidemia não avançou nessas nações. Assim, a SARS também foi descrita na Alemanha, Estados Unidos, Filipinas, Austrália, Taiwan e Irlanda.

PÂNICO NO CONDOMÍNIO

A rotina de Hong Kong, principal cidade chinesa afetada pela epidemia, mudou. Os hotéis se esvaziaram: a cidade era o último destino de turistas e comerciantes. O pânico circulava pela imprensa internacional, a OMS já desencadeara o alerta da nova doença e notificava as áreas contaminadas pelo planeta. Hong Kong estava em primeiro lugar no ranking de risco, e suas ruas testemunhavam habitantes com um novo acessório: máscaras cirúrgicas nas faces. Escolas foram fechadas e os estudantes permaneciam em casa. Ruas desertas e lojas vazias eram atípicas na cidade fervilhante de quase 7 milhões de moradores. A China teria um prejuízo comercial estimado em US$ 25 bilhões ao final da epidemia.[14] Ficar em casa parecia ser uma medida preventiva contra o vírus da SARS, mas isso não funcionou para os moradores do condomínio Amoy Gardens, que presenciaram o poder viral. Uma ótima sugestão para Hollywood: "Pânico em Amoy Gardens".

Os fatos que se sucederam no condomínio residencial iniciaram com um jovem de 33 anos chamado Wang Kaixi, que introduziu o vírus no conjunto habitacional. Ele não era uma pessoa saudável, seus rins não funcionavam e seu sangue acumulava ureia que deveria ser eliminada na urina. Por isso, Wang fazia sessões de diálise no hospital da cidade. Em uma dessas sessões, permaneceu próximo a outro paciente com infecção pulmonar e jamais imaginou que o vírus da SARS, eliminado pelo doente, caminhava em sua direção.

Wang, já com o vírus se multiplicando em seu corpo, foi à casa de seu irmão para uma visita habitual. Atravessou a portaria do condomínio e caminhou para o bloco E. O conjunto habitacional era formado por 7 prédios de 33 andares, cada um com oito apartamentos. O jovem pegou o elevador e desceu no 16º andar. Wang começou a desenvolver os primeiros sintomas da SARS, que, em seu caso, manifestou-se com diarreia (o vírus da SARS também ocasiona diarreia). Utilizou o banheiro por algumas vezes sem saber que suas fezes estavam repletas do vírus. A tubulação do vaso sanitário direcionou as fezes contaminadas para o sistema de esgoto comum dos apartamentos. Porém, nos bastidores da construção havia uma armadilha fatal.

A tubulação do esgoto apresentava uma terminação tortuosa em forma de U, cuja função era acumular água nas porções inferiores e vedar o retorno do ar, evitando um odor fétido nos banheiros. A tubulação vertical era comum aos outros apartamentos do bloco E. Enquanto a saúde de

Wang deteriorava, houve uma falha no funcionamento da tubulação em U que não acumulou água suficiente e secou o sistema. Uma comunicação aérea se formou entre o esgoto e os banheiros dos apartamentos. As fezes de Wang espalharam o vírus pelo ar da rede de esgoto. Os exaustores dos banheiros dos apartamentos do bloco E eram acionados e, com isso, sugavam o ar dos ralos. Uma nuvem de vírus retornou do esgoto às residências de Amoy Gardens. O vírus mortal emanava dos ralos e dispersava-se pelos banheiros e cômodos.

A epidemia no condomínio iniciou-se no dia 21 de março, com vários moradores apresentando os sintomas da SARS ao mesmo tempo, a maioria do bloco E. Porém, o vírus atingiu moradores dos outros edifícios do condomínio. Os sete prédios eram dispostos de maneira circular ao redor de uma área central com pouco mais de 3.000 m^2. Os vírus podem ter apanhado carona em brisas vindas das janelas dos apartamentos do bloco E e alcançado os blocos B, C e D.[15]

A epidemia do condomínio Amoy Gardens desnorteou as autoridades de saúde de Hong Kong. Vários moradores deixavam o residencial em direção aos hospitais. Os jornais internacionais relatavam o fato com doses de pânico: o novo vírus seria tão contagioso a ponto de atingir um condomínio inteiro. A SARS acometeu mais de 300 pessoas no Amoy Gardens.

Enquanto a epidemia residencial estava no auge, notícias sobre um voo de Hong Kong a Pequim trouxeram mais preocupação quanto à disseminação do vírus. Em 15 de março, a aeronave do voo CA112 estava na cabeceira da pista do aeroporto de Hong Kong aguardando autorização para decolagem com destino a Pequim. Tempo previsto da viagem: três horas. Os 112 passageiros já estavam sentados com os cintos afivelados, e os seis comissários de bordo faziam as últimas vistorias. No assento E14, entre a poltrona do corredor e a da janela, um homem de 72 anos apresentava a fisionomia abatida.[16] Viera a Hong Kong para visitar seu irmão hospitalizado pela SARS, que, sem apresentar melhoras, faleceu. Parte do abatimento decorria da perda do familiar e parte se devia aos primeiros sintomas da SARS que o passageiro adquirira. Há quatro dias convivia com sintomas respiratórios de tosse seca e febre. Sentado na poltrona do voo CA112, esperava uma viagem tranquila. Durante o voo, provavelmente, a tosse desse homem enviou vírus aos dois passageiros sentados nas poltronas da frente. Outro passageiro sentado na fileira da frente, mas do outro lado do corredor, também foi contaminado. Um passageiro sentado na mesma fileira do doente, porém, do outro lado do corredor, também foi infectado. O vírus invadiu, ainda, as mucosas de dois passageiros sentados nas duas fileiras de trás do senhor doente. Esses seis passageiros faziam parte de um grupo de turistas residentes em Hong Kong e não imaginavam sair do avião portando um vírus letal.

VEÍCULOS EPIDÊMICOS

Em 1977, um avião a jato permaneceu no solo para reparos por três horas, tempo em que seu sistema de ventilação de ar ficou inoperante, e 72% dos 54 passageiros adquiriram o vírus da gripe de um indivíduo doente.[17]

A OMS já alertava sobre o risco de contrair a doença respiratória durante voos. Além disso, orientava sobre o maior risco que corriam as pessoas sentadas na mesma fileira do doente, ou até duas fileiras à frente e atrás. Portanto, esses seis doentes estavam em risco. Mas o senhor também contaminou outros passageiros sentados nas fileiras da frente da aeronave, longe de sua poltrona. Foram quatro empregados de uma firma de engenharia de Taiwan, uma moça de Singapura e mais cinco membros do grupo de turismo, além de duas aeromoças. Sua tosse pode ter ocasionado um fluxo de ar até os acometidos? Provavelmente não. Ele pode ter transitado pelo corredor em direção ao banheiro tossindo acima das poltronas pelo caminho. Pode ainda ter espirrado ou tossido nas mãos e deixado secreção respiratória na maçaneta da porta do banheiro ou na torneira da pia, ou talvez a transmissão tenha ocorrido na fila do *check-in* ou na sala de embarque.

O voo CA112 mostrou que não há lugar seguro em uma aeronave. Teoricamente, um risco maior pode existir para aqueles sentados duas fileiras à frente e atrás, porém, na prática, a situação é bem diferente. O destino do voo era Pequim, próxima cidade-alvo da SARS.

GRIPE SUÍNA E SARS

A epidemia rumou para Pequim e uma nova onda de casos e mortes se instalou. A China seria a nação mais castigada na estatística final. Março, abril e maio foram os meses de pico da epidemia. Porém, em julho de 2003, o vírus se extinguiu: a epidemia partiu de maneira abrupta. Sua disseminação foi controlada e seu avanço contido. Saldo: mais de 8 mil infectados, pouco mais de 900 mortes e quase 30 países acometidos.

O planeta livrou-se de uma epidemia que matou, em média, 10% dos doentes. Um vírus extremamente letal para o que estamos acostumados. Usando uma comparação grosseira, o vírus da gripe suína de 2009 apresentou letalidade ao redor de 0,1% (uma morte em cada 1.000 doentes). Até novembro de 2009, a OMS registrou quase 8 mil mortes por gripe suína, o que dá para estimar um número de acometidos pela doença próximo a 8 milhões de pessoas. Se a SARS tivesse atingido essa cifra de doentes em 2003, supõe-se que 800 mil pessoas teriam morrido. No Brasil, seria algo em torno de 100 mil óbitos; escapamos de uma epidemia letal. As questões que se colocam são: por que a epidemia de SARS foi controlada, diferente da gripe suína que progrediu para plena globalização? Por que a SARS não seguiu os mesmos passos da gripe suína de 2009?

Conseguimos escapar da pandemia mortal pela SARS devido, em parte, ao alerta que a OMS disparou em março de 2003.[18] A grande maioria das nações foi informada do novo vírus emergente e sobre sua gravidade. Os países ficaram em estado de alerta quanto à necessidade de isolar todo paciente suspeito de infecção pelo vírus da SARS. A mídia internacional amplificou a disseminação dos cuidados necessários para evitar a contaminação. Médicos e profissionais da saúde ficaram atentos aos doentes com sintomas de infecção respiratória que retornavam das áreas afetadas, que eram atualizadas diariamente pela OMS. O mapa da doença era informado on-line.[19] A globalização disseminou o vírus, mas também nos auxiliou na divulgação da notícia e informação em tempo real. Suspeitos da doença eram imediatamente isolados em leitos específicos. Profissionais da saúde entravam em seus quartos com gorros, luvas, aventais, máscaras e óculos especiais. Pessoas que mantinham contato próximo com os doentes eram monitoradas, orientadas a permanecer em casa e procurar o hospital ao primeiro sintoma. Portos e aeroportos eram patrulhados em busca de recém-chegados com sintomas da doença. Aqueles que retornavam das áreas afetadas eram orientados a procurar um médico caso iniciassem os sintomas. Quanto mais cedo isolar o doente contagioso mais fácil controlar a epidemia. Daí as críticas quanto à demora do governo chinês em notificar a OMS.

Todas essas medidas funcionaram. Os vírus emergidos dos doentes isolados não encontravam novos humanos suscetíveis para invadir. Esbarravam, agora, em borrachas das luvas, acrílico de óculos e algodão de máscaras, gorros e aventais. Conclusão: sem organismo para se replicar, o vírus se extinguiu. Fim da epidemia de 2003. Modelos matemáticos mostram como essas medidas tiveram sucesso. No início da epidemia, cada pessoa doente infectava cerca de outras três. Essas últimas, por sua vez, infectariam outras nove. Podemos imaginar o quanto a epidemia avançaria. Porém, após a implantação das medidas preventivas essa cadeia de transmissão despencou para próximo de zero. Um doente infectado pela SARS não conseguiria transmitir a doença. Nesse ponto o leitor poderia perguntar: mas não foi exatamente isso que fizemos no início da epidemia da gripe suína em 2009? Se as medidas foram as mesmas, por que a SARS desapareceu em semanas ao passo que a gripe suína atingiu todo o planeta?

Existem várias diferenças no comportamento de ambos os vírus. Os exemplos da transmissão do vírus da SARS observados no Hotel Metrópole, no condomínio Amoy Gardens e no voo CA112 são exceções do comportamento viral. Nesses locais ocorreu uma disseminação viral bem acima do normal, uma supercontaminação.[20] Em geral, o vírus da SARS foi menos contagioso que o da gripe suína. Para cada dez pessoas que mantêm contato próximo com um paciente portador da gripe suína, cerca de três desenvolvem a doença.[21] Esse número, para a SARS, reduz para uma pessoa.[22] Portanto, a dimensão da propagação do vírus da gripe suína é bem maior do que foi a da SARS. Podemos dizer, com isso, que o vírus influenza é mais contagioso do que o vírus da SARS.

Além disso, ambos se comportam de maneira diferente durante a infecção, o que explica como foi possível acabar com o vírus da SARS e não com o da gripe suína. Os pacientes com SARS iniciavam com sintomas leves que se acentuavam no decorrer dos dias. No início da doença esses pacientes eram bem menos contagiosos do que nos dias finais. Tudo indica que poucos vírus eram eliminados nos primeiros quatro dias de sintomas, diferente do que ocorria nos casos mais graves da doença ou no momento em que os pacientes apresentavam piora clínica importante e abrupta, quando eliminavam grandes quantidades virais. Essa fase, geralmente, ocorria na segunda semana da doença.[23] Talvez por isso tantos médicos e enfermeiras foram infectados: mantinham maior contato com pacientes graves e, portanto, mais contagiosos. Cerca de 21% de todos os casos da SARS ocorreram com profissionais da saúde dos hospitais. Esse comportamento do vírus explica a facilidade de controle da epidemia. Um paciente suspeito da doença poderia ser isolado na fase inicial, que era menos contagiosa. Portanto, na fase tardia e mais contagiosa não teria mais contato com outras pessoas. Os médicos tinham tempo suficiente para identificar os doentes e isolá-los antes que transmitissem o vírus para um número grande de pessoas.

No caso da gripe suína ocorre o contrário. O paciente infectado, sem apresentar qualquer sintoma, já elimina o vírus nas primeiras 24 horas antes de surgir febre, dor de garganta, mal-estar e dores pelo corpo, e, uma vez sintomático, pode demorar em desconfiar de gripe. Perambula pelo trabalho, em casa e nas escolas distribuindo vírus a amigos e familiares. No momento em que é diagnosticado e isolado já é tarde.

VÍRUS SEMELHANTES QUE NOS ESPREITAM

A epidemia de 2003 foi letal e contagiosa, porém, fácil de controlar. Provou que a ficção pode se transformar em realidade e que não estamos livres de fatos semelhantes. É possível imaginar que surja uma nova pandemia pela SARS ou algum vírus semelhante. O risco existe.

Os cientistas descobriram que o vírus da SARS veio dos civetas para os trabalhadores dos restaurantes. Porém, nos mercados, os guaxinins também portavam o vírus, pois se infectaram nos aglomerados de animais a que foram submetidos. O vírus se disseminou entre os animais para depois saltar ao homem. Hoje sabemos qual animal selvagem alberga o vírus da SARS na natureza: os morcegos.[24,25]

Estudos em Hong Kong mostraram que cerca de 10% dos morcegos capturados eliminam vírus semelhantes ao da SARS em suas secreções e fezes.[26] São reservatórios naturais do vírus, principalmente os da espécie morcego-ferradura.[27] Posteriormente, foi evidenciada a presença de outros vírus da família da SARS em morcegos da África e América.[28,29,30,31] Diversos vírus dessa família se multiplicam nos morcegos, com mutações constantes que podem alterar seu comportamento – eles estão batendo em nossas portas. Imagine quantos vírus mutantes estão dispersos nesses animais selvagens. A possibilidade de uma nova epidemia por algum vírus semelhante ao de 2003 é considerável e virá, provavelmente, dos morcegos.

VIDAS ESCONDIDAS

Quantas espécies de vida habitam nosso planeta? Zoólogos e botânicos descobrem cerca de 10 mil novas espécies a cada ano, e, com isso, cientistas estimam que ainda existam entre 7 a 14 milhões de espécies a serem descobertas. Os biólogos acreditam que 4 em cada 5 espécies ainda são desconhecidas.[32]

A chance de uma epidemia chegar pelo contato humano direto com os morcegos é remota, porém esses mamíferos alados podem transmitir o vírus a animais mais próximos ao homem. Os morcegos percorrem quilômetros de distâncias levando o vírus para regiões distantes. Por terem vida relativamente longa, mais de 25 anos, mantêm o vírus circulando em suas espécies sem adoecerem. Sobrevoam criações de animais à noite, eliminando urina, fezes e secreções com vírus que podem alcançar os bebedouros dos animais ou reservatórios de água. Além disso, frutas mordidas, contendo a saliva dos morcegos podem permanecer no solo e serem apanhadas por qualquer outra espécie. Para nossa sorte o vírus não consegue infectar patos, galinhas, perus, codornas e gansos.[33] As imensas criações chinesas dessas aves estão fora de risco. Porém, outros animais são sujeitos à infecção por vírus semelhantes ao da SARS,[34] como o gato selvagem e o doméstico,[35] a raposa, o javali, o furão e o guaxinim – fortes candidatos à ponte de ligação entre o vírus do morcego e o homem. Criações de guaxinim são abundantes na China: fornecem a pele para o comércio e a carne para o consumo em pratos exóticos. O vírus pode saltar dos mamíferos alados e se disseminar nessas criações com facilidade.

Porcos também podem ser infectados pelo vírus,[36] e suas criações, visitadas pelos morcegos, são alvos vulneráveis. Em 1994, um novo vírus (vírus Nipah) surgiu nas criações de porcos da Malásia através de excrementos e frutas mordidas deixados pelos morcegos. A nova epidemia espalhou-se pelos suínos e atingiu os trabalhadores. Esse mesmo fato pode ocorrer com vírus semelhantes ao da SARS que circulam entre morcegos asiáticos. Além disso, os ratos do campo são também candidatos. Esses roedores podem se infectar e perambular pelas imediações das casas eliminando e transmitindo o vírus para outros animais domésticos. Ou ainda, o homem pode inalar os vírus eliminados nas secreções de ratos no piso de galpões, armazéns ou outras construções, que, ressecadas, podem ser suspensas pelo uso de vassouras.

Uma nova epidemia semelhante à SARS pode estourar a qualquer momento, com a mesma disseminação e letalidade. Entretanto, o novo vírus pode se comportar de maneira bem diferente do primeiro. Vários tipos de vírus semelhantes ao da SARS estão presentes nos morcegos, o que levaria a um tipo de contágio diferente. Se o doente eliminar o vírus logo no início da doença, como na gripe suína, a disseminação da epidemia será bem maior, e caso a letalidade seja a mesma (10%), o número de mortes será bem mais assustador do que em 2003. A próxima pandemia poderá ser mais devastadora e a maneira como surgirá é imprevisível.

Uma coisa é certa: vírus semelhantes ao da SARS estão por aí, nos morcegos, em qualquer lugar do planeta, aguardando a oportunidade de encontrar uma ponte para atingir o homem. Os fatos de 2003 podem se repetir, resta saber quando, onde, qual o poder de disseminação do vírus novo e sua letalidade. Novamente seremos surpreendidos pelas notícias da mídia: "A Organização Mundial da Saúde alerta o início de uma nova pandemia".

GLOBALIZAÇÃO DA SARS

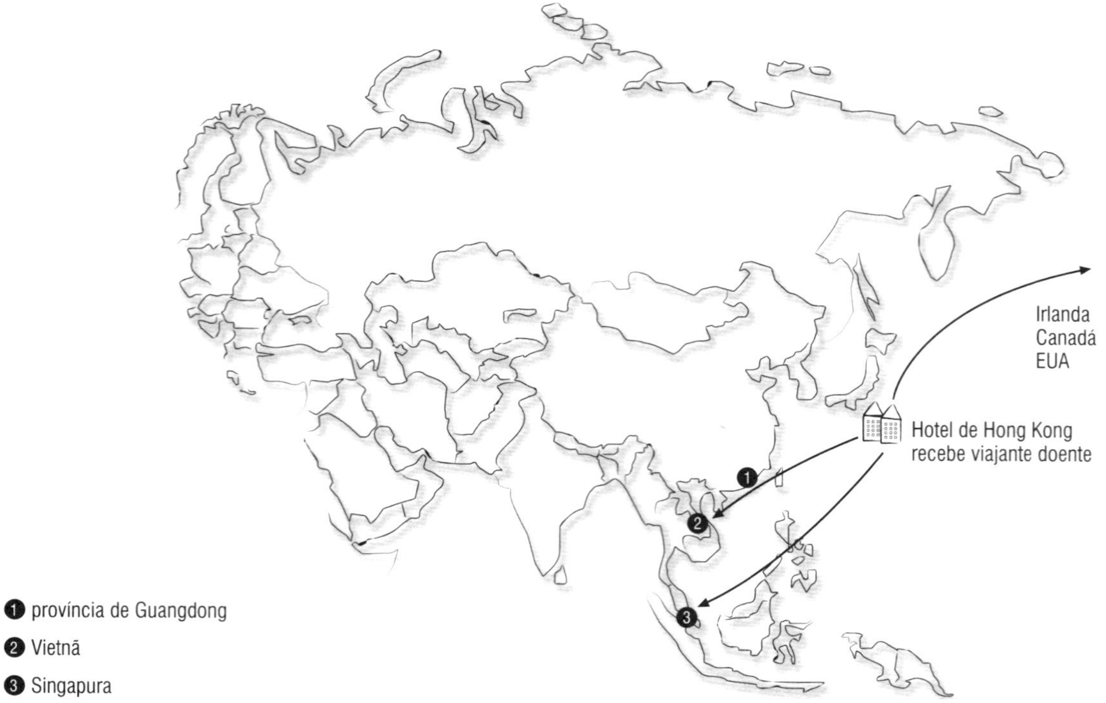

A SARS chega da província de Guangdong por um viajante que infecta hóspedes de um hotel em Hong Kong. Os indivíduos contaminados levam o vírus para outros países.

AS FUTURAS GRIPES SUÍNAS

A pandemia de gripe suína marcou o ano de 2009. Jornais, emissoras de rádio, televisão e internet abordaram intensamente o assunto. Expunham o perigo do novo vírus influenza A (H1N1) que, emergido da América do Norte, contaminou o planeta. A mídia alarmava: ao espirrar e tossir precisávamos cobrir a boca e o nariz. A lavagem constante das mãos tornou-se obrigatória. O pânico e o exagero para se prevenir acabaram com o estoque de máscaras cirúrgicas e álcool em gel nas lojas. O mesmo ocorreria com o antiviral que se tornaria celebridade nacional (tamiflu®), caso o Ministério da Saúde não o recolhesse das prateleiras das farmácias. As manchetes atualizavam o caos e o número de mortes nas cidades brasileiras, enquanto a população aguardava ansiosa pela chegada da nova vacina.

A gripe espanhola de 1918 foi revivida nas entrevistas e matérias jornalísticas. Estaríamos vivendo uma catástrofe semelhante a daquele ano? A gripe suína fechou escolas e adiou o retorno às aulas e viagens. Em julho, a epidemia suína oficialmente chegou ao Brasil. Filas nos hospitais aguardavam atendimentos que levavam até seis horas. Trabalhos científicos e boletins das agências internacionais de saúde foram publicados com urgência diante da gravidade da situação.[37] Era preciso saber quão contagioso era o novo vírus, bem como sua real letalidade. A ciência foi, pouco a pouco, conhecendo melhor o influenza A (H1N1), e identificou pessoas com maior risco de desenvolver formas graves da doença. Gestantes lideraram o ranking. A obesidade mórbida surgiu como novidade de risco, enquanto idosos, para nossa surpresa, eram poupados. O pânico deu espaço a atitudes mais racionais. Gradativamente a população começou a lidar melhor com o problema e a rotina diária foi sendo reestabelecida. A conclusão: os fatos de 2009 mostraram o risco real do surgimento de pandemias por novos vírus influenza.

O influenza sempre foi temido pelo meio científico. É o microrganismo com maior chance de causar pandemia de grande dimensão e elevado número de mortes. Esse risco é enorme e constante; todos presenciaram o drama teatral que a gripe suína encenou em 2009. No entanto, os bastidores desse enredo são desconhecidos da maioria da população. A história do surgimento do vírus de 2009 mostra que, muitas vezes, estivemos próximos de outras pandemias letais e revela que a qualquer momento podemos ter episódios semelhantes ou piores do que a gripe suína. Também demonstra que estamos bastante vulneráveis ao surgimento de vírus desconhecidos e ainda explica qual é a ligação do vírus da gripe suína com o da gripe espanhola de 1918. Por fim, associa o surgimento dessa e de futuras pandemias às alterações do meio ambiente que insistimos em perpetuar. Os bastidores do surgimento da gripe suína nos alertou sobre tudo isso – é o que veremos a seguir.

A ORIGEM DO INFLUENZA

A gripe foi descrita na Antiguidade, época em que se acreditava que a origem das infecções decorria da inalação dos miasmas. A gripe surgia nos meses de inverno com a chegada dos ventos frios.
Na Época Moderna, os italianos também acreditavam que os fenômenos terrestres eram influenciados pela astrologia, e que a gripe surgia pela influência (*influenza*, na língua italiana) das estrelas.[38]

PREPARANDO O TERRENO

No século XIX, em geral, os jovens agricultores americanos seguiam o caminho dos pais ao herdarem as preciosas terras produtivas da família rural. Alguns se desgarravam e tentavam a sorte nas cidades próximas ou até mesmo nas grandes cidades distantes. O dinheiro que aflorava na vida urbana os seduzia. A maioria que ficava no campo se dedicava aos animais e às plantações. As últimas terras virgens no sentido oeste estavam sendo ocupadas. As linhas fronteiriças das propriedades se estendiam e bifurcavam como câncer na superfície. A natureza recebia cercas e arames. Árvores tombavam para dar espaço ao cultivo e às criações de animais. Mato e capim eram arruinados por bocas ativas de ruminantes e construções se erguiam para moradia e armazenagem de sementes e grãos. Cercados acomodavam aglomerados de porcos e aves. O solo era rasgado pelos arados.

Demarcações no solo americano esquadrinhavam as terras e estimulavam a vinda de novos plantadores e criadores de animais. O metro havia sido recém-definido. Uma expedição francesa, no final do século XVIII, calculara a distância entre o polo norte e o Equador. O trajeto desses cientistas foi penoso pelas intempéries da época tumultuada em meio à Revolução Francesa. Apesar disso, estimaram a distância[39] que, dividida por 10 milhões, gerou a medida exata da extensão de um metro. O antigo acre britânico e o hectare francês se juntaram ao metro para consolidar as fronteiras das propriedades do Novo Mundo.[40]

O ambiente agrícola americano do século XIX era bem diferente da época atual. Milho, trigo, cevada, centeio e aveia espalhavam-se pelas terras. Milho e trigo eram levados às cidades em sacos estampados com o nome da fazenda de sua procedência. A cevada e a aveia alimentavam gado, aves e porcos, que dividiam o espaço das propriedades. Poucos cavalos arrastavam o arado nas terras preparando-as para a próxima semeadura. O esterco animal era distribuído no solo e o enriquecia de nutrientes, e as sementes separadas da colheita logo eram despejadas na terra. Áreas de capim e mato funcionavam como refeitório do gado, que esburacava o solo com seus pesados cascos e criavam poças que recebiam sementes eliminadas em suas fezes: a continuidade do pasto era mantida. Além disso, o gado deixava restos de folhas e raízes no solo que se decompunham para criar húmus. Essa dinâmica rural repunha potássio, magnésio e nitrogênio ao solo. A interação de animais e vegetais mantinha eficazes as plantações e criações.

Pouco a pouco esse cenário bucólico mudava para preparar o surgimento do vírus da gripe suína. Inovações tecnológicas transformavam a paisagem rural. Estradas de ferro encurtavam distâncias e, com isso, os proprietários rurais plantavam mais sementes. Agora, além de abastecer pequenas cidades, enviavam grãos excedentes nos vagões de trem para regiões distantes. Os cereais colhidos no interior eram despachados em trens para a costa leste americana, e partiam em direção à Europa. Os americanos, estimulados pela exportação, estenderam as plantações para as grandes planícies centrais do país. Illinois, Dakota, Iowa e Minnesota se tornariam um mar de milho e trigo. Nascia o futuro "cinturão do milho". Linhas ferroviárias se alastravam de oeste a leste e inundavam o litoral com cereais vindos do interior. Os portos, alargados e ampliados, acomodavam o número crescente de navios que chegavam para lotar seus porões de cereais. Enquanto uns se especializavam na plantação de grãos, outros voltaram os olhos lucrativos para os animais, que não foram abandonados pela tecnologia. A ciência também criou inovações para sua exploração, e, sem perceber, reuniria os ingredientes para o nascimento de vários vírus influenza, inclusive o da gripe suína.

A EPIDEMIA DE OBESIDADE

A ingestão de carboidratos com cereais refinados eliminou as fibras que retardavam a absorção dos açúcares e, com isso, a rápida absorção sobrecarrega a ação plena da insulina. Além disso, as fibras carregavam alimentos para serem absorvidos nas porções finais do intestino, que são os locais de liberação das recém-descobertas incretinas liberadoras da insulina. O homem foi programado, pela evolução, para ingerir fibras e não cereais refinados: a dieta do século XX favoreceu a obesidade e o diabetes.[41]

INFECTANDO OS ANIMAIS

O nova-iorquino Frederic Tudor foi um visionário na primeira metade do século XIX. Encontrou um meio de ganhar dinheiro com um recurso natural abundante da região: o gelo. Preencheu um veleiro com gelo da região fria do nordeste americano e o exportou para regiões do Caribe, sul dos Estados Unidos e Europa.[42] Sua companhia de exportação de água congelada deslanchou e ele ficou conhecido, então, como o "rei do gelo" de Boston.

Lâminas cortavam blocos retangulares de gelo que eram cobertos por serragem e ventilados nos porões dos navios. A mercadoria acondicionada chegava quase íntegra ao destino final. A conservação era tal que Tudor, em 1833, conseguiu chegar à Índia com uma embarcação repleta de gelo: apenas um terço derretera durante a longa viagem. Comerciantes criativos não demoraram em usar o gelo nos navios e vagões para preservar produtos perecíveis. Gelo moído e sal conservavam carregamentos de peixe, maçã, laranja, uva, pera e pêssego. As cidades, agora, consumiam frutas fora das épocas de suas safras. O número de vagões e navios refrigerados aumentou.

Na década de 1870, a tecnologia criou refrigeradores artificiais em vagões e porões de embarcações. No início, a amônia comandava o funcionamento das máquinas rudimentares de refrigeração. Sua molécula circulava, com bombas mecânicas, no interior de um sistema de tubulação fechado. O líquido, em baixa pressão, evaporava e, para isso, consumia calor: o interior se refrigerava. Na outra extremidade do sistema, o gás amônia retornava a forma líquida e eliminava o calor. Em 1875, partiu o primeiro carregamento de carne refrigerada de Nova York à Inglaterra.[43] As criações de gado da Argentina, Austrália e dos Estados Unidos podiam crescer para o abate. A exportação de carne por longos percursos era possível graças aos refrigeradores das embarcações. As portas para grandes criações de animais estavam abertas, e as terras americanas começavam a ser inundadas por enormes aglomerados de gado, porcos e aves.

As propriedades rurais se especializavam em cereais ou animais para o abate. A harmonia rural e sua interação entre animais e vegetais foram quebradas. As fazendas mostravam somente um mar de trigo, milho e soja, ou, então, apenas animais cercados. Preparava-se o terreno do século XX, que, em parte, seria responsável pelas novas doenças da modernidade.

Além disso, as fábricas de explosivos se tornaram ociosas após o término da Segunda Guerra Mundial. O governo americano precisava encontrar finalidade para o imenso estoque de nitrato e amônia utilizados na fabricação de explosivos. Decidira, então, levar essa matéria-prima para fábricas de fertilizantes.[44] Na mesma época disseminou-se o uso de um novo instrumento nas plantações: o trator. O esterco perdeu a utilidade com a chegada dos fertilizantes baratos, e o trator passou a ocupar o lugar do cavalo na aração da terra. Tornaram-se obsoletos, portanto, os animais das pequenas propriedades. Centeio, cevada, aveia e pasto deixaram de fazer parte da paisagem americana. O mar de grãos se estende e se torna um império. Fazendas aglomeram cada vez mais animais de criação: gado, aves e porcos. O milho passa a ser usado como alimento desses animais – as rações de cereais substituem o pasto.

Na primeira década do século xx já era possível ver aglomerados animais conquistando o território americano: a primeira parte do enredo da gripe suína de 2009 estava montada. Faltava, agora, a introdução de um vírus nesse cenário, e ele viria pela gripe espanhola de 1918.

O VÍRUS DA GRIPE ESPANHOLA PRESENTE HOJE

Não sabemos quando e onde surgiu o vírus da gripe espanhola de 1918. Certamente, alguma ave aquática migratória o eliminou nas fezes e, por algum meio, alcançou o homem. Nasceu o H1N1 responsável pela pandemia que matou mais de 20 milhões de pessoas. Por que por uma ave aquática migratória?

Aves são os reservatórios naturais do influenza, permitem que grandes quantidades do vírus se repliquem em seu corpo sem adoecerem. Provavelmente ambos coevoluíram, e as aves se tornaram resistentes ao ataque viral, além de funcionarem como transportadoras virais para longas distâncias. Os vírus eliminados nas fezes permanecem no solo úmido, represas, lagoas e açudes à espera de outro animal para infectar. Os suscetíveis ao influenza são o cavalo, a baleia, o homem, a ave e o porco. Hoje, sabemos que o vírus da gripe espanhola se originou de um vírus presente em alguma dessas aves. E por que H1N1?

Existem vários tipos de vírus influenza. Todos apresentam moléculas em sua superfície que reconhecem as células dos animais para aderi-las, invadi-las e se replicar. As moléculas são duas: hemaglutinina e neuraminidase. Identificamos 16 tipos de hemaglutinina e classificamos o vírus como portador da hemaglutinina 1, 2, 3, e assim por diante até 16. Para simplificar, classificamos como H1, H2, H3, até H16. O mesmo serve para os 9 tipos de neuraminidase que determinam se o vírus será o N1, N2, N3 até N9. O vírus da gripe espanhola era, portanto, um H1N1.

A gripe espanhola reinou em 1918. Brasileiros liam jornais com notícias atrasadas da pandemia em progressão na Europa, América do Norte e África. Sua chegada era aguardada a qualquer momento. Um despacho do diretor geral da Saúde Pública ordenou a abertura do lazareto da Ilha Grande no final de setembro. O local seria parada obrigatória das embarcações vindas das áreas afetadas, principalmente da África. As tripulações permaneceriam em quarentena para tentar barrar a entrada viral nas portas brasileiras. Porém, a medida foi tardia para um vírus facilmente transmitido: a gripe espanhola já circulava no Brasil havia cerca de 15 dias. Uma provável embarcação inglesa já desembarcara passageiros doentes em Salvador, Recife e Rio de Janeiro. A pandemia se espalhava nas principais cidades brasileiras.

O ESPIRRO

Receptores sensitivos nasais reconhecem o corpo estranho e enviam um sinal, pelo nervo trigêmeo, ao centro cerebral do espirro. Lá a informação é processada e sinais nervosos são enviados aos músculos da respiração e da face para desencadearem o espirro. Ocorre inspiração seguida de uma explosiva expiração e contração muscular com fluxo de ar expelido a 150 km/h. Durante o espirro, os nervos faciais contraem a musculatura palpebral, motivo pelo qual nunca espirramos de olhos abertos.[45]

O início da gripe espanhola no Brasil estampou-se nas manchetes dos jornais. A população, apavorada, testemunhou a elevação do número de óbitos, e o pavor fez com que as pessoas se esquecessem de outros males diários: tuberculose, malária, febre tifoide, sarampo e varíola. As conversas amplificavam as recomendações divulgadas em jornais, revistas e volantes que ensinavam medidas de prevenção da doença. Não havia nada a respeito da importância da lavagem das mãos que hoje sabemos. Eram orientados a uma rigorosa higiene bucal, nasal e da garganta para evitar a doença. Medidas inúteis aos olhos atuais.

A população não sabia a causa daquele mal: os vírus ainda não tinham sido visualizados. Cidadãos se reuniam nas ruas e praças em busca dos jornais diários que publicavam as últimas conclusões dos professores das faculdades de medicina. Porém, nada ficava esclarecido, pois ainda debatiam sua causa: viral ou bacteriana? Os noticiários apenas traziam estatísticas diárias com o número de mortes em constante subida.

Especulações populares não faltavam. A gripe espanhola teria surgido na Primeira Guerra Mundial. Explosões, corpos em decomposição e sangue favoreceram o surgimento dos miasmas, gases venenosos, que, inalados, causaram a doença. Os cristãos deram palpites para a origem do mal: o velho e conhecido castigo de Deus pelas imoralidades e pecados –

explicação usada em diversas epidemias passadas. O pânico da espanhola crescia pelos boatos. Diziam que o governo omitia dados reais do número de mortes; que em algumas cidades brasileiras corpos eram enterrados em valas comuns, incinerados ou abandonados e que o governo escondia esses fatos da população. Tudo boato.

O tratamento se baseou no conhecimento da época: purgativos para eliminar toxinas acumuladas nas fezes. Outros desesperados receberam lavagem intestinal e até mesmo sangrias. As farmácias ficavam lotadas de clientes em busca dos frascos de vidro de medicamentos, cujos preços dispararam. Os mais vendidos traziam em seu rótulo a palavra "quinino" ou vaselina mentolada. O quinino era excelente para a febre da malária, mas ineficaz para a gripe. Nenhum tratamento convencia a população, que ainda tentava a prevenção ou a cura com banhos quentes, massagens e dezenas de outras substâncias ineficazes.

Os mercados vendiam mercadorias populares contra a gripe, que esgotavam rapidamente. Acabavam os estoques de limão, alho, cebola, sal, pimenta, aguardente e cânfora. Ao longo do dia os preços desses produtos subiam. As poucas máscaras, novidade inglesa e importada, esgotaram nas casas especializadas.

A população de 1918 não lotou os hospitais. Havia um receio de que o ambiente hospitalar disseminasse doenças, e, por isso, as pessoas tinham pavor da internação. Os doentes procuravam os médicos que atendiam em casa, nos consultórios particulares, nas clínicas e, raramente, nos hospitais. Consultavam curandeiros, benzedeiras e até mesmo alunos de medicina e farmacêuticos recrutados.

Em tempos atuais, a volta às aulas foi adiada pela gripe suína. Porém, em 1918, a situação foi muito pior. Fecharam escolas, clubes, fábricas, escritórios, conferências, reuniões, bares, teatros, cinemas e cancelaram jogos de futebol. Algumas cidades se esvaziaram pela fuga dos mais privilegiados. Trens lotados deixavam São Paulo em busca de sítios, cidades interioranas ou estâncias. Os órgãos sanitários tentavam acalmar a população informando que não havia motivo para pânico e que o medo predispunha à doença. Hoje, reclamamos da demora da vacina contra a gripe suína. Em 1918, tudo era tentado para prevenir a gripe. Incentivou-se a vacina contra a varíola por achar que pudesse dar proteção parcial contra a gripe. Os Institutos Butantã e Oswaldo Cruz reuniram três tipos diferentes de bactérias na tentativa, frustrada, de produzir uma vacina.

Finalmente, a epidemia sumiu das cidades brasileiras e a rotina voltou ao normal. Os fatos de 1918 seriam lembrados por décadas. Até hoje, a pandemia da gripe espanhola ressurge em livros e reportagens, e a cicatriz que dela restou auxiliou no surgimento da gripe suína de 2009. Vestígios virais da espanhola permaneceram ocultos na natureza e contribuíram para o futuro surgimento de novos vírus. O local? As crescentes criações de porcos e aves da América do Norte.

REMÉDIOS DE NOSSAS AVÓS

No início do século XX, as farmácias vendiam alguns remédios exóticos que prometiam curas impossíveis. Nas prateleiras, eram encontrados:[46]

- "Biotônico Fontoura", criado pelo farmacêutico Cândido Fontoura, recebeu esse nome comercial por sugestão do amigo Monteiro Lobato, e era fortificante contra tuberculose, anemia e debilidade.
- "Pulmonal", indicado para cura da tuberculose, bronquite de qualquer natureza, gripe, tosse e perda de apetite.
- "Elixir Houdé de cloridrato de cocaína", ao tomar um cálice do licor após as refeições, garantia-se a anestesia nas dores estomacais.
- "O contratosse e as sete maravilhas do mundo" garantia efeito rápido e sem falhas na gripe, coqueluche, bronquite e asma.
- "Grindelia" interrompia a tosse e garantia o retorno do sorriso na rouquidão, bronquite e pigarro.
- "Elixir Doria" era anunciado como verdadeiro tratamento para moléstias do estômago e intestino, com aprovação da Excelentíssima Inspetoria Geral de Higiene Pública do Rio de Janeiro.
- "Cafiaspirina" prometia alívio da dor pelo princípio ativo da recém-descoberta aspirina, com o *slogan*: "Passou a dor? Um sorriso, graças a Cafiaspirina: o remédio de confiança".

AS PANDEMIAS DE QUE ESCAPAMOS

O vírus H1N1 da espanhola também atingiu os porcos na América do Norte, suscetíveis à infecção pelo influenza. As mesmas aves aquáticas, provavelmente, eliminaram fezes com vírus, talvez em bebedouros, nos alimentos ou em lagoas próximas das criações. Menos provável, trabalhadores gripados poderiam ter tossido e espirrado nas criações, ou mesmo manipulado animais e alimentos com mãos contaminadas. O fato é que o H1N1 da gripe espanhola infectou e permaneceu nos porcos americanos durante o restante do século XX.[47] Circulava nos animais com sintomas leves, saltando de criação em criação, e era transmitido às crias. Essa forma viral se enraizou de tal maneira nos suínos americanos que foi batizada de H1N1 clássico. Enquanto nosso influenza caminhava pela humanidade, o clássico tornou parte das criações americanas de porcos.

Em 1968, entrou em cena um novo personagem, o H3N2. Esse influenza surgiu de uma recombinação, mistura genética, de dois tipos diferentes do vírus.[48] Tanto os vírus das aves quanto o do homem podem invadir o organismo dos porcos. Por sua vez, dificilmente homem e ave trocam seus vírus. Já nos porcos, os vírus (das aves e do homem), ao se dividirem no mesmo instante, podem formar novos vírus com RNA misturado de ambos,[49,50] criando um vírus recombinado. Nasce, assim, um novo vírus com potencial para pandemia.

O H3N2 surgiu, em 1968, pela mistura de um RNA de influenza humano com um de ave.[51] Foi responsável pela pandemia de Hong Kong e disseminou-se pelo planeta, atingindo milhares de pessoas. A partir de então, se adaptou e permaneceu no homem. Desde 1968, apresentamos gripes anuais em todos os invernos pelo H3N2. Enquanto esse seguia no homem e o H1N1 clássico nos porcos americanos, as criações de porcos e aves aumentavam pelo planeta. Mais e mais animais eram aglomerados. Acima desses, voavam aves aquáticas migratórias eliminando vírus diferentes. Marrecos, patos, gansos e cisnes expulsavam formas diferentes de influenza. Como se não bastasse, os animais de criação também conviviam com seus criadores, que eliminavam formas de influenza humano. A chance era enorme para dois vírus se misturarem nos porcos e surgirem vírus mutantes e letais.

Cada vírus novo em qualquer criação de aves ou porcos seria candidato a causar a próxima pandemia. A partir da década de 1990, começamos a presenciar esse risco. Pagamos o preço por tamanha aglomeração de porcos, galinhas, gansos, perus, codornas e patos. A próxima pandemia viria da América, Europa ou Ásia?

Na primeira metade da década de 1980, criadores americanos se depararam com aves apáticas e redução na produção de ovos. Estavam acometidas pelo vírus H5N2, provavelmente vindo de alguma ave migratória. A doença acometeu criações de aves dos estados da Virgínia, Pensilvânia e de Nova Jersey. Os produtores controlaram o surto nas aves, porém, aves migratórias o carregaram para o Sul. Próxima parada: México. Dez anos depois, em 1993, foi a vez de fazendeiros mexicanos notarem mortes nas aves e redução do número diário de ovos. O H5N2 se alastrava, agora, pelas criações mexicanas. A associação de criadores tomou uma decisão ousada. Em vez de sacrificar parte das aves para conter o avanço viral, optou em monitorar sua presença. Isso porque o vírus recém-chegado tinha baixa agressividade nas galinhas. O tiro saiu pela culatra. Após meses, o H5N2 mexicano que veio dos Estados Unidos sofreu mutação que o tornou letal às aves. As criações começaram a se esvaziar. E se essa mutação o tornasse capaz de contaminar o homem? E se tivesse invadido os porcos e se misturado com novos vírus? Assim nascem as novas pandemias, e estivemos a um passo dessa possibilidade. A todo instante esse risco nos espreita.

Criadores do outro lado do planeta também enfrentavam problemas semelhantes. No final da década de 1980, nos livramos de outra pandemia que quase surgiu na Ásia. Próximo à cidade de Nagasaki, Japão, o vírus humano H3N2 invadiu criações de porcos e se misturou ao vírus H1N1 suíno. Criadores se preocuparam com a presença de porcos febris, com tosse, secreção nasal e apatia. Quase mil animais foram acometidos. A epidemia atingiu outra criação à 40 km de distância da primeira. O novo vírus recombinado era o H1N2, criado pela mistura do RNA do H1N1 dos porcos e o do H3N2 humano.[52] Por sorte, esse recém-nascido não teve capacidade para invadir o homem, causar agressão e transmissão de pessoa a pessoa. Caso contrário, poderia ter-se iniciado uma nova pandemia. Escapávamos de outra pandemia, mas era o início dos problemas.

Aves migratórias distribuíram vírus do hemisfério norte ao sul, mas também de leste a oeste. Em 1995, aves migratórias provenientes da China ou Rússia descarregaram vírus no solo paquistanês. O novo vírus agressivo às aves, H7N3, espalhou-se pelos frangos de abate e aves reprodutoras. O estrago percorreu uma área num raio de 100 km. O governo do Paquistão computou mais de 3 milhões de aves acometidas pela doença. Nos livramos de mais um candidato à pandemia.

A Europa não ficaria atrás. Entre outubro de 1997 e janeiro de 1998, criadores italianos combateram oito epidemias em criações de aves do nordeste do país. Patos, perus, galinhas e gansos tombavam nas fazendas. Emergia o vírus H5N2 nas criações italianas. As chances de entrarmos em contato com vírus mutantes, vírus novos ou recombinados aumentavam na década de 1990.

Os criadores italianos não tiveram tempo para comemorar o fim dessas epidemias. Um ano depois, em 1999, eclodiu outra bem mais devastadora nas criações de galinhas, perus e codornas. Na principal região da indústria avícola da Itália, o vírus H7N1 foi introduzido. O vírus se aproveitou das aves aglomeradas nos arredores de Verona, onde se confinavam até 70 mil aves por quilômetro quadrado. O poder devastador viral matou mais de 13 milhões de aves. Enquanto os italianos combatiam o novo vírus nas criações, do outro lado do Atlântico o vírus precursor da gripe suína de 2009 começava a se formar.

Em agosto de 1998, criadores de porcos da Carolina do Norte enfrentaram uma epidemia que se espalhara por mais de duas mil propriedades. Em três meses atingiria criações no Texas, Minnesota e Iowa. Para surpresa dos cientistas, o novo vírus suíno era causado pelo H3N2 humano.[53] Após oitenta anos acostumados apenas ao H1N1 clássico, os porcos americanos eram invadidos pelo vírus humano, e lembrem, o H1N1 clássico dos porcos americanos descendia do vírus da gripe espanhola. Um ano depois, porcos de Indiana começaram a apresentar febre, secreção nasal, tosse e apatia. O receio transformava-se em realidade: o novo invasor suíno H3N2 se misturou com o H1N1 clássico para formar um novo influenza, o H1N2.[54] No início do século XXI, esse vírus, nos porcos, ainda entraria em contato com outro vírus das aves e ocorreria uma tripla mistura do RNA.[55] Circulava, agora, nos suínos americanos, um vírus triplo com fragmentos do RNA de vírus do homem, das aves e dos porcos.[56] E esses vírus encontravam um campo fértil para disseminar entre os porcos americanos: somente em 1998 foram 100 milhões os suínos encaminhados ao abatedouro.[57]

Enquanto o vírus com a receita inicial da gripe suína circulava entre porcos americanos, novos vírus influenza emergiam pelo planeta. Os riscos de um desses vírus atingir o homem e se transformar em pandemia só aumentavam. Quanto mais aves e porcos aglomerados, maior o risco. Criadores de aves na Pensilvânia enfrentaram nova epidemia em 2002. Dessa vez era pelo H7N2, que avançou nas criações da Carolina do Norte e Virgínia. O Chile presenciou o primeiro surto pelo H7N3 nas aves cercadas.

Em fevereiro de 2003 aconteceu o inevitável, um novo vírus das aves atingiu, dessa vez, o homem. Isso foi na Holanda.[58] Uma outra pandemia de influenza estava cada vez mais próxima. Patos e gansos migraram para a região norte da Europa, e, provavelmente, trouxeram o vírus letal às criações de galinha e de peru da Holanda: o H7N7.[59] Mais de 200 criadores viram aves perderem o apetite, ficarem apáticas e morrerem. As associações de criadores entraram em ação e sacrificaram mais de 30 milhões de aves para conter o surto. Porém, era tarde demais para os trabalhadores que foram atingidos pelo novo vírus. Cerca de 90 pessoas desenvolveram sintomas leves de gripe ou conjuntivite pelo novo H7N7.[60] Um veterinário que cuidara das criações teve seu pulmão comprometido e faleceu. O risco de pandemias pipocava pelo planeta.

No Canadá, ocorreu fato semelhante na mesma época. Uma fazenda de criação de galinhas presenciou o início da epidemia pelo H7N3. O vírus saltou dos celeiros acometidos para os vizinhos: de 8 a 16 aves morriam por dia. A Agência de Inspeção Alimentar ordenou o isolamento da área. Luvas, botas e máscaras foram distribuídas aos trabalhadores, enquanto milhares de aves foram sacrificadas. O vírus afetou uma pequena parte dos 2 mil trabalhadores do vale atingido. Pelo menos 57 pessoas desenvolveram sintomas leves de gripe ou conjuntivite. O H7N3 permaneceu em circulação nas terras canadenses com surtos nas criações aviárias.[61] A qualquer momento um desses vírus exemplificados poderia adquirir capacidade de se transmitir de homem para homem com melhor eficácia e iniciar uma pandemia. Nos livramos das prováveis "pandemia holandesa", "pandemia canadense", "pandemia italiana" etc.

Enquanto isso, aquele vírus triplo que circulava nos porcos americanos acabou encontrando um novo influenza. Provavelmente, aves migratórias trouxeram vírus que circulavam nos porcos da Europa e Ásia para América. Agora, porcos da América do Norte se infectavam pelo vírus triplo e pelo novo vírus dos porcos do outro lado do Atlântico. O RNA de ambos se misturou, nascendo, então, um vírus quádruplo, o famoso influenza A (H1N1) da gripe suína.[62,63] Esse, finalmente, teve a capacidade de alcançar o homem, adoecê-lo e ser disseminado de pessoa para pessoa. Nasceu, enfim, a nova pandemia pela gripe suína de 2009.

Quem ainda acredita que é pouco provável uma nova pandemia semelhante à gripe espanhola de 1918? Em inúmeras ocasiões, vimos novos vírus surgindo em aves e porcos. Muitos acometem humanos. As chances de vírus mutantes e novos são enormes, principalmente pela crescente intensidade da criação de aves e porcos.[64] Aglomeram-se cada vez mais esses animais e, com isso, criam-se áreas que funcionam como bombas-relógio para novas catástrofes. Um exemplo disso é o que acontece na China: em 1968, havia 5 milhões de porcos e 12 milhões de aves domesticadas; hoje são 500 milhões de porcos e 13 bilhões de aves.

A gripe suína de 2009 é a primeira pandemia do século XXI, e outras com certeza virão. Como vimos, os riscos surgem o tempo todo pelos continentes. Porém, uma pandemia extremamente letal ameaça aparecer a qualquer momento no continente asiático. Lá está o grande temor do meio científico: o influenza H5N1, também conhecido como vírus da "gripe aviária" ou "gripe do frango".

VÍRUS RESSUSCITADO

Na década de 1990, pesquisadores americanos conseguiram recuperar o RNA do vírus influenza da "gripe espanhola" que matou mais de 20 milhões de pessoas em 1918. Para buscá-lo, usaram técnicas modernas em tecidos pulmonares preservados desde a época: quatro fragmentos conservados em produtos químicos – dois de soldados americanos e dois de civis ingleses –, e de um esquimó enterrado nos solos frios que conservaram o tecido dos pulmões. Dessa forma, reconheceram o influenza da gripe espanhola como o H1N1.

ÁREAS EM QUE SURGIRAM DIFERENTES TIPOS DE VÍRUS INFLUENZA

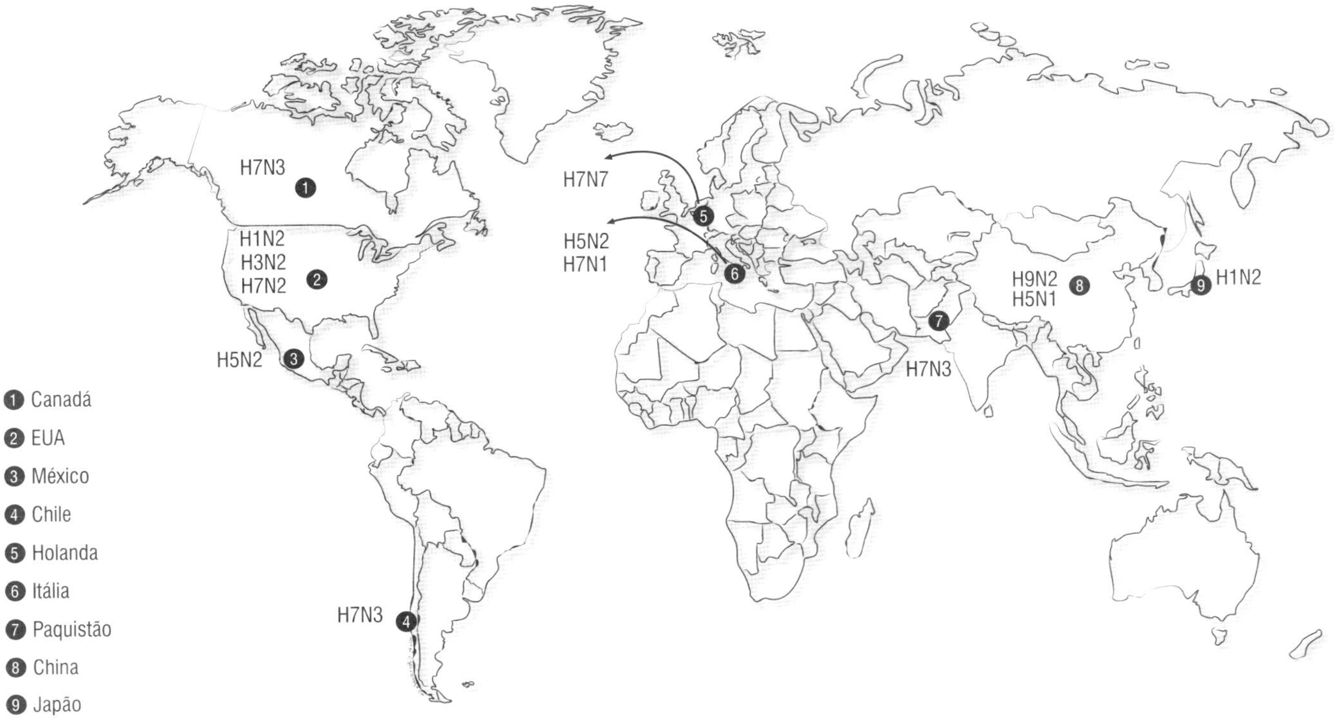

Surtos causados por diferentes tipos de vírus influenza em aves, porcos ou humanos nos últimos 20 anos.

UMA GRIPE MUITO MAIS LETAL QUE A SUÍNA

O médico recém-formado Peter Ludwig Panum recebeu uma árdua missão em 1846. Ele graduou-se na faculdade de Copenhagen e, com apenas 26 anos de idade, foi incumbido de investigar a epidemia de sarampo que se propagava nas ilhas Faroe. O governo da Dinamarca ansiava por respostas daquele surto reinante em suas terras.

Panum desembarcou em uma das 17 ilhas que formavam aquele conjunto. Um clima inóspito foi encontrado pelo jovem médico durante sua visita – o frio das altas latitudes o impressionou. A sensação térmica era de temperatura ainda mais baixa, com as rajadas de vento frio típicas da região e elevada umidade do ar. O médico sabia que teria de investigar todas as condições ambientais: em meados do século XIX, os cientistas acreditavam que as doenças infecciosas eram adquiridas pela inalação de gases venenosos emanados do solo, os miasmas. Panum deveria procurá-los nas ilhas Faroe.

Então, esquadrinhou as vilas espalhadas pelos vales das ilhas, a maioria com 100 a 200 moradores. Mapas da região eram desdobrados e recebiam anotações e estatísticas dos casos e das mortes pelo sarampo. Panum também anotava a evolução da epidemia em seu bloco e vasculhava as condições dos solos. Computou o gado disperso pelos pastos; coletou dados alimentares da população em cada localidade afetada: listava peixes, aves, carnes, batata, cevada, leite, queijo, sopas e pão. Os hábitos do tabaco, café e vinho não passaram despercebidos pelo médico.

As moradias dos menos favorecidos foram vistoriadas por Panum. Eram casas humildes com um único cômodo que servia como cozinha, quarto e refúgio de galinhas. O local se resumia a solo de terra batida cercado por paredes de terra, pedra e madeira que acomodava famílias e doentes. Apesar de todo inquérito da região, nada esclarecia a vultosa epidemia que, em cinco meses, deixaria acamados quase 80% dos mais de sete mil habitantes das ilhas.[65] Panum não encontrava a fonte miasmática para aquele surto.

Porém, ele também rastreou a progressão dos casos de sarampo. Registrou a sequência de ilhas e moradores acometidos. Seguiu os passos dos habitantes das ilhas, e, dessa forma, o quebra-cabeça da investigação começou a fazer sentido. O primeiro doente em Faroe foi um marceneiro que retornara de Copenhagen no final de março. Visitou conhecidos com sarampo antes do regresso e ficou doente apenas alguns dias após sua chegada na ilha. Panum verificou, então, um período de tempo entre a infecção e os primeiros sintomas, durante o qual o paciente nada sentia. Hoje conhecemos bem o período de incubação das doenças.

Em outra ilha, o surto iniciou com dez habitantes que adoeceram duas semanas após retornarem da ilha vizinha. Trouxeram a doença. Panum percebeu que o sarampo não era transmitido por miasmas.[66] Os doentes transmitiam a mazela para outras pessoas por contato próximo, era uma doença contagiosa. Esses dez pacientes não se lembravam de ter tido contato com nenhum doente. Apesar disso, Panum os identificou: os dez viajantes adquiriram a doença de pessoas que só iniciaram os sintomas no dia seguinte da partida dos visitantes. O sarampo era transmitido mesmo antes do início dos sintomas. Panum detectou o período de incubação, tempo de transmissão, contágio e descartou os miasmas.

Agora sim, toda cadeia de transmissão podia ser rastreada. Empregados levavam a doença para as casas em que trabalhavam. Parentes transferiam o vírus para familiares. Comerciantes chegavam e partiam com o vírus do sarampo. Os dados de Faroe revolucionaram o conhecimento do sarampo e das epidemias. Contribuiriam para o término da teoria dos miasmas no nascimento de doenças contagiosas. Assim, Panum descobriu que a doença poderia ser evitada com o isolamento do doente. Apesar de convincente aos olhos atuais, o trabalho de Panum encontraria resistência por parte da maioria dos médicos de sua época, mas futuros estudos do século XIX consolidariam a teoria do contágio.

A ciência, hoje, faz projeções de prováveis pandemias pelo influenza baseada no conhecimento de seu contágio, tempo de incubação, período e poder de transmissão. Panum levantou a primeira suspeita desses termos e, atualmente, computadores fazem simulações de prováveis pandemias para prever sua extensão e número de mortes. Essas não faltam para o suspeito número 1 da próxima pandemia letal: o H5N1.

O INÍCIO DO PROBLEMA

Desde 2003, o recém-introduzido vírus influenza H5N1 vem alarmando as autoridades médicas mundiais. Surgido em 1997 por uma mistura genética de vírus presentes em patos, gansos e codornas,[67] o H5N1 eclodiu na Ásia em 2003. Disseminou-se entre aves aquáticas migratórias, que bombardearam outras aves com fezes portadoras do vírus, principalmente no sudeste asiático. Os vírus são eliminados nas criações, em lagoas, represas, poças e, provavelmente, em áreas alagadas de plantação de arroz,[68] onde aguardam as aves de criação. Esse agente, muito agressivo nas aves, ocasiona epidemias letais em galinhas. Nos últimos anos, convivemos com granjas infectadas e sacrifícios em massa para conter o avanço das epidemias aviárias.[69] Ficou conhecido como o vírus da "gripe aviária" ou "gripe do frango".

Como se não bastasse, aves aquáticas migratórias carregaram o vírus para regiões da Ásia Central, África e Europa. Os corredores migratórios das aves transportaram o vírus para três continentes. Além disso, o comércio de aves e pássaros – tanto legal quanto clandestino – também dispersa o vírus. Agora, criadores desses três continentes relatam epidemias frequentes pelo H5N1, e, por enquanto, apenas nas criações de aves. A América está livre, mas não sabemos por quanto tempo. Basta que aves asiáticas migrem para a proximidade do Alasca e o vírus será descarregado na região.[70] Nesse caso, outras aves migratórias do norte da América agarrariam o vírus e, como em revezamento, levariam-no para o sul do continente.[71] A América está com os dias contados para a chegada do H5N1. Mas, por que esse vírus é candidato à pandemia?

Desde o início, o H5N1 mostrou que, além de matar aves de criação, tem capacidade de invadir e acometer outros animais. Tigres e leopardos do zoológico da Tailândia ingeriram carcaças de aves contaminadas e adoeceram pelo H5N1. O novo vírus também é letal aos mamíferos. Humanos em contato com aves infectadas podem inalá-lo ou contaminar as mãos e adoecer ao levá-las aos olhos, nariz e boca. Desde seu surgimento, a OMS registrou quase 500 pessoas acometidas pelo H5N1, todas em contato próximo a criações de aves com o vírus. Porém, o que mais assusta é sua letalidade em humanos: mais da metade morre por danos pulmonares. Um influenza que mata mais da metade dos doentes.

Todos os casos humanos foram transmitidos das aves para o homem. O H5N1 ainda não adquiriu capacidade de transmissão direta de homem para homem por tosse, espirro ou mãos contaminadas. No dia em que isso acontecer se iniciará a pandemia. A ciência teme uma mutação no H5N1 que permita a transmissão entre humanos. Também é esperada uma pessoa infectada pelo vírus influenza humano que seja, ao mesmo tempo, invadida pelo H5N1. Isso também poderá ocorrer em porcos. Nesse caso, uma mistura do RNA de ambos os vírus fará nascer o influenza da próxima pandemia.

UMA MOSCA & UM VÍRUS

Em 1958, Vincent Price atuou no filme "A mosca", que seria refilmado em 1986. Um cientista testa sua máquina recém-criada de teletransporte, mas, sem perceber, uma mosca também entra no aparelho e seus DNAs se misturam. Na época, jamais imaginavam que a ficção espelhava a vida real do vírus influenza, que também mistura seus materiais genéticos na célula do animal infectado. O vírus da "gripe suína" de 2009 é formado pela mistura genética do RNA de quatro diferentes vírus influenza.

A gripe suína elevou a chance dessa mistura genética no homem. A epidemia desse vírus, que comprometeu uma grande parte da população asiática rural, aumenta a chance dos dois vírus se encontrarem. Quanto mais humanos gripados, maior a probabilidade desse encontro.[72] A cada ano o H5N1 explode em algumas criações aviárias, e surgem novos casos de humanos com infecção e óbito.[73] As mortes ocorrem, com maior frequência, nas áreas rurais do Vietnã, Indonésia, Egito[74] e China, que são as nações candidatas ao início da próxima pandemia. Porém, casos da doença já foram relatados em mais 11 nações. Aguardamos a data e local que o H5N1 mutante ou recombinado possa ser transmitido de pessoa a pessoa. Os ingredientes da receita estão reunidos: aglomerados de animais (porcos e aves), aglomerados humanos e aves migratórias.

QUASE O SURGIMENTO DA PANDEMIA

Nos primeiros casos humanos não presenciamos nenhuma pessoa doente pelo H5N1 transmiti-lo a outro humano. Teríamos sabido se isso ocorresse, pois a mídia anunciaria o início da nova pandemia. Porém, em 2004, cientistas prenderam a respiração: por muito pouco isso não ocorreu. Uma menina de 11 anos de idade apresentou sintomas da doença na região rural da Tailândia. O vírus saltou das galinhas doentes para a pequena tailandesa enquanto ela dormia ou brincava próximo às aves. Sua tia, que morava no mesmo domicílio, cuidou da sobrinha doente por cinco dias. Porém, em 7 de setembro, a menina piorou e foi levada ao hospital. Sua mãe, de 26 anos, moradora em Bangkok, viajou imediatamente para o hospital em que a filha foi internada e revezou com a tia na cabeceira da cama da criança doente. Tentavam alimentá-la e ofertar líquidos. Ajudavam-na a sentar na cama e limpavam suas secreções. Enchiam-na, talvez, de afagos e beijos. Os pulmões comprometidos da menina assustaram os médicos, que optaram em removê-la a outro hospital melhor aparelhado. A tentativa foi em vão: a pequena não resistiu e faleceu no dia seguinte vítima do H5N1.

Aquelas horas em que mãe e tia permaneceram próximas à menina foram suficientes para que os vírus H5N1 eliminados pela criança atingissem suas mucosas dos olhos, boca e nariz.[75] Após quatro dias, a mãe apresentou os sintomas da gripe, enquanto a tia, de 32 anos, adoeceu nove dias depois: ambas foram infectadas pelos vírus da menina. O temor médico tornava-se realidade, o H5N1 poderia ser transmitido de pessoa a pessoa. Porém, a capacidade desse contágio não é eficaz o suficiente para a transmissão se alastrar em pandemia. É preciso ainda uma pequena mutação em seu RNA ou mesmo recombinação com vírus humano.

A sorte esteve ao nosso lado na Tailândia. Um ano depois, o fato se repetiria na Indonésia.[76] No subúrbio de Jacarta, uma garota de 8 anos adoeceu pelo H5N1. O vírus apanhou carona em suas secreções respiratórias para lançar-se à sua irmã, de 1 ano de idade. No início de julho, o pai se desdobrou para cuidar da pequena doente em casa e visitar sua filha mais velha internada na UTI. Surge, então, o inesperado: o pai apresenta tosse, febre, dor no corpo e na garganta. Os três membros da família, agora, estavam hospitalizados. Um a um, rumavam à UTI por piora respiratória, e todos viriam a falecer. Novamente o H5N1 mostrava capacidade de transmissão de pessoa a pessoa, ainda que os casos fossem raros. Até quando a sorte estará do nosso lado?

Caso surja a pandemia pelo H5N1, o cenário será bem diferente do da gripe suína de 2009. O vírus H5N1 já provou ser letal ao homem, com óbito em mais da metade dos casos. Só não sabemos se, após a mutação ou recombinação, terá a mesma agressão e letalidade tão elevada. É provável que diminua sua taxa de morte, porém, mesmo assim, será maior do que a da gripe suína. O cenário da pandemia deve ser catastrófico e cercado de tentativas desesperadas em conter o avanço viral pelo planeta.[77] A história dessa nova pandemia pode ser deduzida pelo conhecimento que temos até o momento. É o que descreveremos a seguir.

A FUTURA PANDEMIA

O vírus H5N1 da futura pandemia humana nascerá, com grande chance, em alguma região rural do sudeste asiático repleta de criações de aves acometidas, como China, Tailândia, Camboja, Indonésia ou Vietnã. Aquilo que receamos poderá ocorrer: o H5N1 mutante ou recombinado, com capacidade de transmissão de pessoa a pessoa semelhante ao nosso vírus da gripe comum ou sazonal. O primeiro doente passará despercebido pelas equipes médicas. Acamado em alguma humilde casa rural transmitirá o vírus para membros próximos de sua família. Moradores da vizinhança serão atingidos após visitarem o doente. Viajantes de pequenas distâncias o levarão aos vilarejos vizinhos. A infecção passará de pessoa a pessoa, casa a casa, rua a rua, e vilarejo a vilarejo. Talvez os médicos alertem o provável surto às autoridades de saúde. Nesse caso, o início da epidemia será reconhecido e equipes da OMS, já alertadas, rumarão imediatamente para a localidade afetada.

Os epidemiologistas tomarão medidas drásticas para conter o foco da doença: saberão que o H5N1 mata mais da metade dos doentes, e se a epidemia atingir grandes cidades tomará o país e será exportada para o planeta. Portanto, isolarão a região rural acometida em um raio de 5 a 10 km.

Estradas serão bloqueadas, e barreiras erguidas impedirão a entrada ou saída da região em quarentena. Equipes médicas coletarão os dados clínicos dos pacientes e tentarão encontrar a data provável do primeiro caso da doença. Será importante determinar o momento exato que a epidemia se iniciou porque, em geral, permanece localizada nos primeiros trinta dias.[78] Torcerão para que o surto tenha se iniciado dentro desse prazo: será a única esperança de bloquear uma pandemia. Além disso, buscarão freneticamente informações, entre os camponeses, sobre alguém que pudesse ter deixado o vilarejo e levado o vírus para alguma cidade.

Trabalhadores montarão barracas de atendimento na área rural. Profissionais da saúde desfilarão pelas ruas e casas com roupas apropriadas para proteção. Aventais, gorros, máscaras, luvas, botas e óculos esconderão a fisionomia dos médicos e epidemiologistas. Apesar disso, o vírus letal necessitará de medidas mais agressivas. Doentes serão atendidos e isolados em construções improvisadas. Talvez barracas e tendas sejam montadas para acomodarem leitos hospitalares. Doses de drogas antivirais entrarão imediatamente nas prescrições dos enfermos. Prevenirão ou aliviarão a gravidade da doença e, também, encurtarão o tempo em que o paciente eliminará o vírus. Familiares e moradores das casas dos doentes permanecerão isolados no domicílio. Também receberão os medicamentos antivirais para abortar qualquer manifestação da doença que pudesse surgir se estivessem infectados. Afinal, haveria grande chance desses contatos estarem no período de incubação, e, diferente da suína, a letalidade seria muito maior.

Viaturas sairão da área isolada removendo os enfermos mais graves que necessitarem de hospitais aparelhados. Caminhões chegarão com soros, agulhas de injeção, médicos, vestuários, medicamentos e, principalmente, caixas de antivirais. Os epidemiologistas saberão que para conter o foco da epidemia serão necessárias doses de antiviral para quase todas as pessoas que mantiveram contato com doentes. Talvez a OMS envie aviões com doses extras de antiviral para a pequena nação. Apesar de todos esses esforços será quase certo que a epidemia já tenha se iniciado há mais de trinta dias, e o vírus deixado a região de origem para grandes centros urbanos.[79] Isso porque alguns países asiáticos descobrem e notificam os casos atuais de H5N1 humano com atraso à OMS, por não apresentarem sistema de notificação ágil para tal urgência. A OMS recebe notificações de infecções humanas diagnosticadas após semanas do ocorrido.[80] Além disso, não haverá estoque de antiviral suficiente para conter o surto. Nascerá a pandemia.

Os países, a exemplo do ocorrido na gripe suína de 2009, serão alertados da epidemia inicial na Ásia, porém, diferente daquela ocasião, tomarão medidas muito mais drásticas: afinal, o novo H5N1 matará muito mais e a produção de vacina demorará entre 6 a 8 meses. Os portos e aeroportos serão vigiados e os doentes encaminhados ao isolamento. É bem provável que a gravidade da epidemia leve ao fechamento das fronteiras. Tudo para retardar a entrada do vírus enquanto corre o tempo para desenvolver e produzir vacinas. Estradas fechadas, embarcações enfileiradas nos portos e voos cancelados e suspensos. A economia mundial entrará em crise. Conforme a epidemia avançar, as fronteiras serão fechadas em cascata. Apesar disso tudo, o novo H5N1 entrará nos países.

O caos, agora, reinará no interior de cada nação. Os cientistas saberão que uma epidemia sem medidas de controle atingirá um terço da população. As estatísticas serão desanimadoras: do total de doentes, mais da metade morrerá. Os ministérios da saúde serão bem mais intempestivos do que no caso da gripe suína. Uma única medida de controle surtirá pouco efeito para conter a epidemia, portanto, as medidas dos governos virão de todos os lados.[81] Todo paciente acometido será internado e isolado. Seus familiares serão orientados a permanecer em casa, mesmo sem sintomas da doença, e receberão antiviral para cortar a cadeia de transmissão da epidemia. Laboratórios do mundo todo já estarão trabalhando dia e noite para a produção de antivirais. A letalidade elevada do vírus justificará o fechamento das escolas, e as pessoas permanecerão em casa, sem poder ir a parques, shoppings, teatros, bares e boates,[82] que também poderão ser fechados.[83] As pessoas que puderem trabalhar em casa assim serão orientadas. Escritórios e repartições terão as mesas afastadas entre si e o horário de entrada no trabalho será fracionado para evitar aglomerações. Todas as medidas conjuntas podem diminuir o número de casos da doença enquanto a vacina estiver em desenvolvimento.

Os ministérios irão acompanhar o aumento do número de doentes. Esperarão o pico da epidemia em cerca de dois a três meses, pelo menos esse é o tempo visto na pandemia de 1957 (gripe asiática) e 1968 (gripe de Hong Kong).[84] Usarão todas as armas para conter esse avanço. O fechamento de fronteiras entre estados também poderá acontecer. O caos do comércio interno e externo será compensado pela diminuição do número exagerado de mortes esperado pela pandemia do H5N1.

Esse cenário pode ser imaginado, mas sua eficácia depende do poder viral. Somente após seu aparecimento e avanço é que saberemos quão contagiosa e letal será a pandemia, e se essas medidas poderão surtir efeito até o urgente desenvolvimento e fabricação em larga escala da vacina.

Tudo indica que o vírus será tão contagioso como qualquer outro influenza. Sua letalidade será, provavelmente, muito elevada. É uma das pandemias mais temidas da atualidade.

AVES DE CRIAÇÃO OU SELVAGENS ACOMETIDAS PELO H5N1

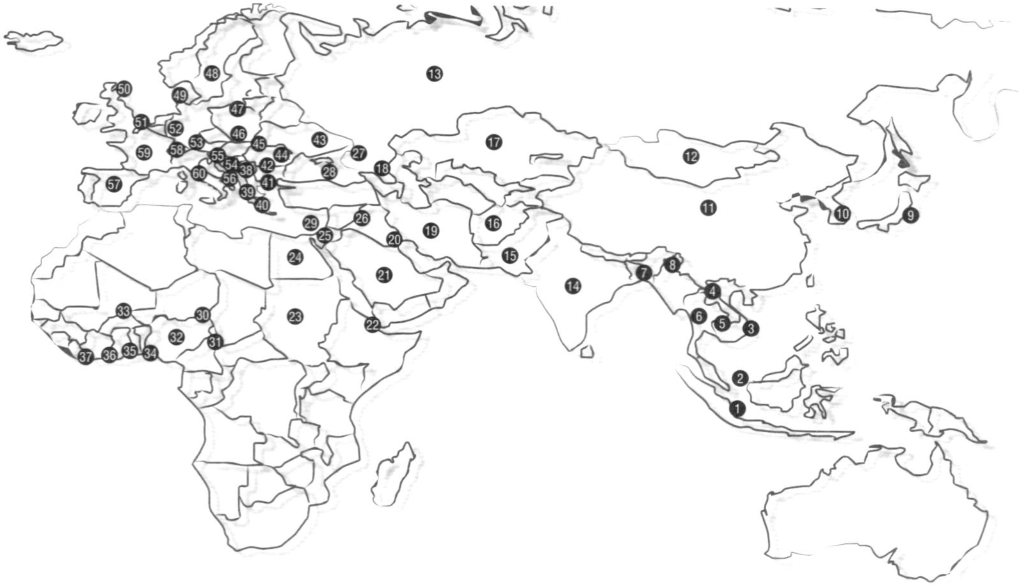

1. Indonésia
2. Malásia
3. Vietnã
4. Laos
5. Camboja
6. Tailândia
7. Bangladesh
8. Birmânia
9. Japão
10. Coreia
11. China
12. Mongólia
13. Rússia
14. Índia
15. Paquistão
16. Afeganistão
17. Kazaquistão
18. Azerbaijão
19. Iraque
20. Kwait
21. Arábia Saudita
22. Djibout
23. Sudão
24. Egito
25. Israel
26. Iraque
27. Geórgia
28. Turquia
29. Faixa de Gaza
30. Níger
31. Camarões
32. Nigéria
33. Burkina Falso
34. Benin
35. Togo
36. Gana
37. Costa do Marfim
38. Sérvia
39. Albânia
40. Grécia
41. Bulgária
42. Romênia
43. Ucrânia
44. Hungria
45. Eslováquia
46. República Tcheca
47. Polônia
48. Suécia
49. Dinamarca
50. Inglaterra
51. Holanda
52. Alemanha
53. Áustria
54. Croácia
55. Eslovênia
56. Bósnia
57. Espanha
58. Suiça
59. França
60. Itália

O vírus atingiu aves em 60 países da África, Europa e Ásia.

CASOS DE HUMANOS INFECTADOS PELO H5N1

1. Nigéria
2. Egito
3. Turquia
4. Azerbaijão
5. Iraque
6. Djibout
7. Paquistão
8. Bangladesh
9. Birmânia
10. Tailândia
11. Indonésia
12. Camboja
13. Vietnã
14. Laos
15. China

Países que notificaram casos humanos de infecção pelo influenza H5N1 desde o início da epidemia de 2003.

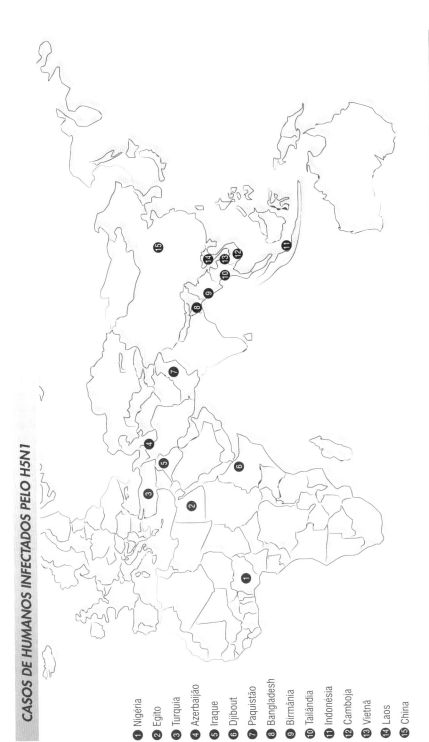

UM VÍRUS VINDO DO ORIENTE

Animais e vegetais se familiarizam facilmente com novos territórios, se adaptando às condições climáticas. Isso é visto após o nascimento de ilhas vulcânicas, cujas terras férteis, estéreis e recém-emergidas das profundezas são logo atacadas por formas de vida. Sementes vêm através dos ventos e até pelas correntes marítimas, quanto mais resistentes são. Germinam no solo vulcânico rico em nutrientes, e a vegetação começa a atapetá-lo. Aves migratórias chegam ao novo território para descanso e trazem também sementes aderidas ao seu corpo, além de insetos. Ventos importam outros habitantes da futura comunidade: moscas, besouros, borboletas e aranhas.[85] Lagartos capazes de nadar desembarcam nas praias. Outros animais utilizam ilhas flutuantes formadas por aglomerados de galhos, tronco e folhas. Nessas balsas naturais chegam ratos, répteis e mais sementes. Os recém-chegados se acomodam no solo conquistado e travam batalhas pela sobrevivência. O tempo determina quem permanecerá e quem será extinto. No final, o equilíbrio ecológico é atingido.

A harmonia natural é, muitas vezes, ameaçada por espécies invasoras trazidas pelo homem.[86] Essas espécies alienígenas encontram um ambiente já em equilíbrio, e sua chegada pode trazer consequências desastrosas. Exemplos não faltam. Na primeira metade do século XIX, a população das ilhas do Havaí, acostumada a receber visitantes e comerciantes, presenciava embarcações aportarem em suas praias, trazendo mercadorias e viajantes. Dessa forma, um pequeno inseto que se proliferava nas águas dos barris dos navios chegou de terras distantes: o mosquito *Culex* apanhou carona nas embarcações humanas e desembarcou nas ilhas. O clima havaiano acolheu o pequeno inseto alado que se reproduziu de maneira fantástica, e em pouco tempo, mosquitos emergiam dos ovos mergulhados nas águas florestais. Porém, os mosquitos não vieram sozinhos. Trouxeram dentro de seu minúsculo corpo um microrganismo que, presente na saliva, era transmitido a outros animais pela picada do *Culex*: o parasito* da malária das aves. O mosquito recém-chegado se alimentava do sangue das aves, e sua saliva inoculava o parasito. A malária se alastrou pelas aves nativas, que adoeceram e começaram a cair. Essa invasão contribuiu para parte da extinção de diversas espécies de aves do Havaí.

Ainda no século XIX, mangustos acomodados nos porões de navios partiram do continente asiático para as ilhas Fiji, Maurício e o Havaí. O homem os trazia na esperança de cumprirem uma missão: avançar suas garras na população de ratos vindas nas embarcações anteriores. Os roedores apanharam carona nos porões dos navios nos séculos anteriores e, sem encontrar predadores, se tornaram praga nas ilhas. Muitas plantações eram devastadas pela presença dos roedores. Agora, o homem apostava suas fichas na importação proposital de mangustos asiáticos. Porém, o tiro saiu pela culatra. Os mangustos também atacavam répteis, aves e anfíbios. Não encontraram predadores naturais e se disseminaram à custa da extinção de animais.

Os exemplos continuaram no século XX. Em 1937, governantes da ilha do Taiti tiveram uma péssima ideia: trazer a Miconia, árvore ornamental da América, para o jardim botânico. O novo vegetal, agora taitiano, dispersou suas sementes pelo solo, e as árvores avançaram pela ilha. Suas raízes infiltraram o terreno como um câncer que se estende e ramifica. A Miconia se alastrou e dominou a paisagem. Hoje, cobre mais da metade do Taiti com raízes que, próximas à superfície, favorecem deslizamentos de terra em épocas de chuvas. Além disso, a Miconia rechaçou e expulsou plantas nativas. A forte competidora estrangeira extinguiu espécies da flora taitiana. Hoje é uma praga.

A ilha de Guam, no Oceano Pacífico, também não foi poupada de espécies trazidas pela mão do homem. Durante a década de 1940, os Estados Unidos reconquistaram a ilha invadida por tropas japonesas durante a Segunda Guerra Mundial. Foi uma das várias ilhas disputadas palmo a palmo

* Atualmente, no meio médico e científico, a tendência é referir-se ao agente infeccioso parasitário como parasito e não mais como parasita. Por isso, este livro adota o termo.

por japoneses e americanos nas batalhas do Pacífico. Militares queriam seu domínio por sua localização estratégica, e ela tornou-se uma excelente base aeronaval americana durante a Guerra Fria. Uma vez conquistada, chegaram aeronaves e navios americanos para sua ocupação, trazendo caixotes de madeira descarregados na praia no final da década de 1940 e início da de 1950. Construções e instalações militares americanas subiam no território. Durante essa mudança eletrizante, militares americanos não sabiam que um pequeno animal pegara carona nas caixas provenientes da Indonésia, Nova Guiné e Austrália. Uma cobra saía do interior de caixas e caixotes empilhados no solo. O pequeno número desse tipo de réptil se reproduziu de maneira extraordinária. A cobra introduzida no sul da ilha se disseminou, e as crias rumaram em direção norte. O réptil atacava aves que repousavam nos galhos e ingeria ovos nos ninhos. A extinção foi logo percebida: o número de aves diminuía conforme as cobras se reproduziam e avançavam ao norte. Uma linha progressiva rumava em sentido ao norte silenciando as aves da ilha de Guam: muitas espécies foram extintas pelo invasor.

A NATUREZA ALTERADA PELO HOMEM

A taxa de extinção das espécies de vida do planeta aumentou de 100 a 1.000 vezes após o florescimento humano. Em algumas ilhas, mais da metade das espécies de plantas foi trazida pela colonização humana e, em algumas regiões continentais, essa proporção também passa de 20%. As aves não foram poupadas: um quarto das espécies de pássaros do planeta foi extinto pelo homem nos últimos dois mil anos.[87]

A CONQUISTA DE UM MOSQUITO

O Brasil não ficou isento de espécies invasoras. O mosquito *Aedes aegypti* é um exemplo. Responsável pelas epidemias anuais da dengue, provavelmente participará também da futura pandemia que vivenciaremos. A presença desse mosquito prepara o palco para a chegada de um novo vírus que poderá permanecer em nosso solo. Como veremos, esse vírus desconhecido para os brasileiros ronda nosso território e ameaça começar uma epidemia a qualquer momento.

O mosquito *Aedes aegypti* veio, provavelmente, em embarcações africanas durante os séculos do intenso tráfico negreiro. Ovos e larvas acomodavam-se nos barris de água ou coleções diversas do convés e porão. O mosquito também colonizou nosso solo e testemunhou o crescimento urbano do século XIX até ser desmascarado como transmissor da febre amarela no início do século XX: a ciência descobria que os mosquitos transmitiam aquela doença altamente letal. Daí em diante, o *Aedes* foi encarado como inimigo e, portanto, caçado a todo custo. Coleções urbanas de água em que os mosquitos se proliferavam foram drenadas e eliminadas das cidades brasileiras. Tudo isso pelo receio da febre amarela urbana. Finalmente, em 1955, o governo brasileiro anunciou a erradicação do *Aedes aegypti* do seu solo e, consequentemente, pôs fim à febre amarela nas cidades.[88]

SALVOS PELA FEBRE AMARELA

A febre amarela aportou nas cidades brasileiras em 1849. Os médicos da época acreditavam que as embarcações negreiras traziam doenças ao Rio de Janeiro. Porém, o novo mal acometia apenas a população branca, europeia, ao passo que poupava os escravos negros. O motivo: os escravos nasceram e cresceram na África e já haviam adquirido febre amarela na infância, tornando-se imunes. Porém, vozes contrárias ao tráfico de escravos alardearam que a doença era um castigo de Deus enviado aos brancos, e poupando os escravos. Isso, em parte, contribuiu para o fim do tráfico negreiro em 1850,[89] pelo menos oficialmente.

Apesar do nosso sucesso, nações vizinhas não conseguiram eliminar o *Aedes*. Mosquitos estrangeiros forçavam nossas fronteiras e conseguiram entrar pelo Suriname, Venezuela, Guiana, ilhas do Caribe e sul dos EUA.[90] Uma nova leva de *Aedes aegypti* invadiu o solo brasileiro a partir da década de 1970, sendo a Bahia e o Rio de Janeiro as portas da sua reentrada. A partir de então, um exército de mosquitos livres de controle rumou pelas fronteiras interestaduais. Os estados brasileiros foram se rendendo ao poder de colonização do *Aedes*, que procurava coleções de água da chuva para postura dos ovos. Para isso, encontrava à disposição água em latas, recipientes industriais, pneus, tonéis, cisternas, garrafas, potes, pratos de vasos, calhas obstruídas, piscinas abandonadas, alagados, tanques, caixas d'água, poços e embalagens descartáveis. A intensa urbanização caótica do século XX, as favelas e o lixo industrial acolheram o mosquito.

O *Aedes aegypti* já havia se adaptado e evoluído na presença humana. Seu hábito florestal foi transferido para as casas e arredores. A fêmea elimina pouco mais de uma centena de ovos acima do nível de água das coleções que encontra. O mosquito é resistente, seus ovos esperam até um ano pelas chuvas para se desenvolverem e, quando isso ocorre, não perdem tempo: antes que as coleções de água sequem, amadurecem para adultos de maneira rápida, em cerca de dez dias. E mais, o adulto recém-emergido já pode se acasalar. O inseto é poderoso e difícil de ser expulso, se adaptou até mesmo em água suja e se tornou resistente aos inseticidas empregados pelo homem. Conclusão: no final da década de 1990 não havia um estado sequer livre da presença do mosquito. Hoje, não pensamos em erradicá-lo, mas sim em controlar sua reprodução.

Como se não bastasse, outra espécie do mosquito chegou ao Brasil em 1986, no estado do Rio de Janeiro: o *Aedes albopictus*.[91] Essa espécie nativa da Ásia, conhecida como tigre asiático, apanhou carona nas águas coletadas em carregamentos marítimos de pneus, máquinas e plantas ornamentais. O mosquito se globalizou pelas embarcações. Foi transportado para países europeus, africanos e americanos.[92] Provavelmente, o tigre asiático partiu de portos japoneses para desembarcar no nosso litoral.[93] O *Aedes albopictus* espalhou-se pelo Brasil desde a segunda metade da década de 1980.[94] Saltou de árvore a árvore, mata a mata, cidade a cidade, e estado a estado.[95] A postura de seus ovos se dá em coleções de água das matas, buracos de árvores, plantas e entre folhas. Reina absoluto em áreas rurais e florestais de diversas regiões brasileiras,[96] diferente do *Aedes aegypti*, que se encontra no nosso domicílio e adjacências.[97] O *Aedes albopictus* também pode, a qualquer momento, tornar-se transmissor da dengue e, além disso, também aguarda a chegada do vírus ainda desconhecido aos brasileiros e candidato à próxima epidemia.

Além do já citado problema que o *Aedes aegypti* nos acarreta – as epidemias anuais de dengue –, sua presença, aliada a do *Aedes albopictus*, traz a ameaça de uma nova doença. Uma futura epidemia anual por um novo vírus pode, a qualquer momento, chegar ao Brasil. Essa será transmitida pelo próprio *Aedes*. O mosquito já está presente no nosso território, basta, agora, chegar o novo vírus que ganha terreno nos países banhados pelo Oceano

Índico: o vírus Chikungunya (sigla: CHIKV), nome que poderá fazer parte da rotina dos verões brasileiros com a progressão de sua pandemia.

VOLUNTÁRIOS?

O médico do exército dos Estados Unidos, Walter Reed, comandou o estudo para esclarecer a origem da febre amarela em 1900. Na ilha de Cuba, Reed reuniu seis voluntários, entre membros do exército e imigrantes espanhóis, para se submeterem à picada de mosquitos suspeitos de transmitirem a doença, que matava um terço dos acometidos: voluntários corajosos! O estudo comprovou o surgimento da doença e confirmou sua transmissão pelos mosquitos.[98]

A PARTIDA DA ÁFRICA

O CHIKV habita o interior do continente africano. Salta de primata a primata, transmitido por mosquitos florestais, espécies de *Aedes* diferentes das que conhecemos.[99] O vírus foi isolado na década de 1950, na Tanzânia, quando cientistas o descobriram como responsável pela doença que os povos locais chamavam de "doença do andar curvado" (no dialeto local, *chikungunya*). O nome reflete os sintomas da doença, semelhantes ao da dengue: febre, mal-estar, dores pelo corpo, dor de cabeça, apatia e cansaço. Porém, a grande diferença do CHIKV está no seu acometimento das articulações: o vírus avança nas juntas dos pacientes e causa inflamações com fortes dores acompanhadas de inchaço, vermelhidão e calor local. A doença, apesar de pouco letal, é muito limitante. O paciente tem dificuldade de movimentos e locomoção por causa das articulações inflamadas e doloridas, daí o "andar curvado". Os mosquitos transmitiam a doença para africanos abaixo do Saara, que, esporadicamente, a levavam aos países asiáticos, porém, nada comparado ao que iria ocorrer a partir de junho de 2004. Nesse ano, começamos a correr risco expressivo de sua chegada em nosso solo. Os mosquitos brasileiros aguardam o CHIKV. Tudo começou na costa leste da África.

A população de Lamu, cidade litorânea do Quênia, enfrentou períodos quentes e secos nos primeiros anos do século XXI. Parecia que o tão falado aquecimento global chegava às costas orientais africanas. Os satélites mostravam rarefação da vegetação da região, o que refletia anos de secas. Durante esse período, os moradores da cidade armazenaram a escassa água em reservatórios improvisados. Além disso, riachos e lagoas secaram criando poças de água parada nas proximidades de Lamu. Essas hipóteses explicam a proliferação do *Aedes aegypti* na região:[100] as fêmeas dos mosquitos depositaram ovos nas águas. O CHIK chegou à cidade vindo do interior e, ejetado da saliva dos mosquitos, causou epidemia entre os habitantes da cidade. Homens, mulheres e crianças foram acamados pelos sintomas da doença, dores e inflamações articulares. Uma epidemia de artrites restringiu a rotina de Lamu: 75% da população adoeceu.[101]

Não demorou para que a epidemia do CHIKV atingisse a cidade de Mombasa, distante pouco mais de 200 km ao sul. O vírus deslizava pela costa queniana. Um turista infectado poderia ter vindo ao Brasil, e ao surgirem os sintomas, grande quantidade de vírus já estaria circulando pelo seu sangue. Nesse momento, um dos nossos *Aedes* que sugasse seu sangue adquiriria o CHIKV. A partir de então, a saliva do *Aedes* recém-infectado poderia transmitir o vírus para a próxima pessoa sadia em que cravasse sua tromba. Um novo doente e novos mosquitos contaminados. A epidemia brasileira estaria iniciada. Outra possibilidade seria os mosquitos infectados das áreas afetadas virem nas embarcações marítimas. Se isso acorrer, a mídia divulgará, então, notícias sobre o novo vírus, Chikungunya, que acompanhará o da dengue nos verões brasileiros.

Quanto mais áreas do planeta acometidas pelo CHIKV, maior a probabilidade de um turista trazer a doença ao Brasil, e, nesse caso, a epidemia de 2004 foi apenas o começo.[102,103] Viajantes levaram o vírus para regiões do sudeste da África. As ilhas Comoros, sua vizinha Mayotte, no estreito de Moçambique, e Seychelles, mais ao norte, testemunharam a chegada do vírus pelas embarcações da costa africana. A epidemia pelo CHIKV castigou suas populações na primeira metade de 2005. O saldo da doença: o vírus acometeu cerca de 60% da população de Comoros e um quarto da de Mayotte. A epidemia se derramava pelo Índico. Navios levaram o vírus para Madagascar, que estava na sua rota de colisão. Até então, o vírus era transmitido pelo *Aedes aegypti* que co-habitava o domicílio de nativos dessas regiões.

Os próximos alvos da epidemia seriam as terras ao leste de Madagascar. As ilhas Maurício, no passado, abrigavam o dodô, ave de quase um metro de altura que evoluiu com atrofia das asas e incapacidade de voo, pois não precisava voar enquanto vivia nas ilhas sem predadores. Porém, navegadores europeus descobriram o território e desembarcavam no litoral a partir do século XVI. O pássaro apetitoso e fácil de capturar se apresentou aos europeus, que passaram a caçá-lo. Além disso, porcos, gatos e roedores vieram com os europeus e atacavam seus ovos. Em pouco tempo, o dodô foi o primeiro registro de animal extinto pelas mãos humanas. Agora, as ilhas Maurício eram invadidas pelo CHIKV. O mesmo destino coube à vizinha, ilhas Reunião, que também fora local de descanso para navegadores holandeses, portugueses e franceses nos séculos das grandes navegações. Fornecia repouso e água fresca para as tripulações. Além disso, europeus enchiam os porões das embarcações com tartarugas marinhas capturadas no litoral de Reunião. Esses répteis serviam de alimento no prosseguir das viagens. Reunião, agora, também era palco da epidemia catastrófica causada pelo CHIKV. O vírus mostrava seu poder de adaptação. Nenhuma das ilhas era colonizada pelo *Aedes aegypti*, porém, o vírus não se intimidou e adaptou-se ao mosquito florestal *Aedes albopictus*.[104] As epidemias duraram até 2006, com cerca de um terço dos 770 mil habitantes de Reunião acometidos pelo CHIKV.[105,106] Nesse momento, o vírus utilizava ambas as espécies de mosquitos *Aedes*.

Enquanto a epidemia rumava pelas terras banhadas pelo Oceano Índico, escapávamos desse risco por pouco. Nenhum turista infectado chegou ao Brasil, diferente do que ocorreu na Europa.[107] Em 7 de julho de 2006, médicos franceses foram alertados de que a dengue e o CHIKV seriam doenças de notificação compulsória. Os casos suspeitos deveriam ser informados imediatamente às autoridades de saúde. O motivo? Nos primeiros meses de 2006, conforme a epidemia crescia em Reunião, turistas franceses retornaram infectados da ilha. Até a metade do ano já eram mais de 700 doentes pelo chikungunya nas cidades francesas.[108] As autoridades de saúde receavam o surgimento da epidemia em solo francês, porque sabiam da existência de *Aedes albopictus* em áreas ao sul da nação. O ocorrido na França revela o enorme risco que corremos: basta um turista brasileiro. Por sorte francesa, os doentes se recuperaram antes que pudessem ser picados por algum mosquito europeu.

Além disso, médicos franceses se assustaram com a presença da doença em uma enfermeira de 60 anos. A senhora foi chamada à residência de outra idosa que retornara das ilhas Reunião em janeiro de 2006. A paciente apresentava sintomas causados pelo CHIKV e febre de 40ºC. A enfermeira colheu seu sangue e, após retirar a agulha do braço, pressionou o algodão no local da punção. O efêmero contato com o sangue foi o suficiente para que, em três dias, a enfermeira apresentasse sintomas da doença.[109] Isso mostrava a enorme quantidade viral que circulava no sangue da doente. Seria muito fácil um mosquito adquirir o vírus e deslocar a epidemia para a Europa. No Brasil, o risco é considerável.

No decorrer de 2006 e início de 2007, embarcações levaram adiante a conquista viral pelo Índico que se rendia a invasão. A epidemia chegaria à Indonésia, Malásia, Sri Lanka e Índia. Nessa última nação, o vírus reencontrou o abundante *Aedes aegypti* do território indiano.[110] Populações de *Aedes aegypti* e *albopictus* alimentavam-se do sangue de enfermos e adquiriam o CHIKV. O número de mosquitos asiáticos que recebia o vírus aumentava. Exércitos de *Aedes* portadores do vírus avançavam na população, e sua saliva transmitia a doença.

Os *Aedes aegypti* e *albopictus* brasileiros esperam pela chegada de um viajante doente que, se picado, transmitirá o CHIKV para nossos mosquitos, ou a doença chegará por mosquitos infectados que virão nas embarcações. Foi isso que aconteceu com o vírus da dengue, que, no passado, veio das nações asiáticas à América. Por que não pode ocorrer o mesmo com o CHIKV? A dengue chegou com facilidade em razão dos milhões de casos da doença que ocorrem todos os anos no solo asiático. O número de casos do CHIKV é muito menor, portanto, a probabilidade de sua chegada ao Brasil também é baixa. Então, poderíamos afirmar que o risco da epidemia brasileira é pequeno? Os fatos descritos a seguir, ocorridos na Itália e no Gabão, mostram que não.

MOSQUITO PROGRAMADO

O *Aedes aegypti* evoluiu para se alimentar exclusivamente do sangue humano, em detrimento do de outros animais ou do açúcar de plantas. Nosso sangue fornece os ingredientes para seu desenvolvimento e postura de ovos. As listras do mosquito podem servir para camuflá-lo da visão humana. A postura dos ovos na parede dos recipientes industriais mostra provável evolução adaptativa ao convívio humano, e seus ovos resistem, ressecados, por até um ano no aguardo da água da chuva. Os ovos aproveitam a coleção de água que logo secará nos pequenos recipientes e amadurecem rapidamente para larva, pupa e adultos. O *Aedes* se adaptou ao homem e, dificilmente, o abandonará.[111,112]

EPIDEMIA ASIÁTICA EXPORTADA PARA A EUROPA

Em junho de 2007, o governo da Índia conseguia visualizar uma luz no fim do túnel da epidemia pelo vírus Chikungunya. O caos durou um ano e meio, e o tormento pela doença parecia próximo do fim. Durante esse período, autoridades de saúde tiveram um enorme trabalho em controlar os focos da doença pelas províncias indianas que computariam um milhão e meio de pessoas infectadas, a maior epidemia do CHIKV. Finalmente, o número de casos tornava-se esporádico, e a doença caminhava para o controle. Apesar disso, um indiano embarcou em um avião na região afetada de Kerala, sudoeste da Índia, com destino à Itália. Visitaria seus parentes de ascendência indiana que moravam no nordeste italiano e, sem saber, havia sido picado pelo *Aedes* que lhe introduzira o CHIKV. O passageiro infectado, ainda sem sintomas, afivelou o cinto de seu assento para o pouso da aeronave no nordeste italiano em 21 de junho. Trazia, além das bagagens, o vírus indiano se replicando em seu corpo: a globalização agia em favor do CHIKV. O turista transitou em solo italiano sem demonstrar qualquer sintoma nos dois dias seguintes.

No dia 23 de junho, visitou um morador da pequena cidade de Castiglione di Cervia. Naquela mesma tarde, surgiram os primeiros sintomas da doença. O vírus importado se manifestava: febre, mal-estar, dores pelo corpo, dor de cabeça e dores articulares. Nesse momento, o estrangeiro, sem perceber, foi picado pelos *Aedes albopictus* que floresciam na cidade italiana de pouco mais de dois mil habitantes. Agora, o vírus circulava entre mosquitos que infestavam as matas, quintais e praças da região. Poderia ter ocorrido em alguma região brasileira, bastaria mudar o destino do viajante. Nas primeiras semanas de julho surgiram poucos casos da doença entre os moradores da cidade. Médicos atendiam os enfermos sem desconfiar, ainda, de que se tratava do CHIKV e, muito menos, do surto da doença no território italiano. Nos primeiros dias de agosto, o número de pessoas que procuraram ajuda médica com febre, mal-estar e dores intensas nas articulações aumentava. Médicos da cidade começaram a suspeitar de algo estranho na região. O vírus cruzara o rio Savio que separa Castiglione di Cervia de Castiglione di Ravenna. Duas pontes conectavam as cidades. Os pouco mais de 1.800 moradores da vila vizinha também começaram a apresentar sintomas da doença. O mosquito *Aedes* distribuía o vírus em sua saliva.

Autoridades da saúde foram informadas a respeito do surto da estranha doença. Em agosto a situação ficara clara: ambas as cidades viviam uma epidemia desconhecida. Em pouco mais de um mês, o *Aedes* transmitiria o vírus para 5% dos moradores em Castiglione di Cervia, e 2,5% em Castiglione di Ravenna.[113] Os profissionais da saúde tiveram muito trabalho na terceira semana de agosto, época do pico da epidemia, quando o número de doentes ascendera de maneira preocupante enquanto cientistas faziam testes nos sangues coletados em busca de respostas. Moradores que deixaram as cidades levaram o vírus para municípios distantes. A doença atingia, de maneira tímida, as cidades de Cervia, Ravenna, Cesena e Rimini. O foco da epidemia se alastrava para cidades à 50 km de distância.

No final de agosto e início de setembro, o instituto da saúde descobriu contra quem estava lidando: o vírus fora isolado e identificado como responsável pela epidemia. O contra-ataque poderia ser iniciado. A população foi bombardeada com publicidade para combater focos de proliferação dos mosquitos. Caminhões desfilavam nas cidades borrifando inseticidas nas ruas, praças, matas, jardins e campos. Homens entravam nas casas com suas mochilas repletas de inseticida para esguichá-los nos quintais. Para cada novo caso da doença encontrado, os esforços se dirigiam à vizinhança: nova descarga de inseticida era despejada nas casas vizinhas em um raio de 100 metros da residência do doente.

Os esforços foram recompensados. A Itália se livrou da permanência do CHIKV em seus mosquitos *Aedes*. Esse exemplo mostra como somos vulneráveis a chegada do vírus ao Brasil.[114] Temos uma população de *Aedes aegypti* que pode recepcionar um turista contaminado pelo vírus. O ocorrido na Itália pode perfeitamente ser extrapolado para nosso solo. Seria, assim, a próxima provável epidemia brasileira. Nesse caso, teríamos mais um vírus, além do da dengue, no mosquito que nos atormenta nos verões. Isso foi o que ocorreu no Gabão.

O CHIKV chegou em Libreville, capital do Gabão, pouco antes da epidemia italiana. Em abril e maio de 2007, os casos de CHIKV já emergiam entre os habitantes da cidade.[115] Pessoas infectadas, ainda sem sintomas, levaram o vírus pelas estradas do interior. A movimentada rota, de pouco mais de 500 km, entre a cidade e o país vizinho, Camarões, serviu de passarela viral. Viajantes, turistas e comerciantes levaram o vírus para o norte. Como o Gabão já era assolado pelo vírus da dengue durante a chegada do CHIHV, surgiam pessoas com sintomas febris ora causados pelo vírus da dengue, ora pelo CHIKV, e, pior, às vezes por ambos ao mesmo tempo.[116] A epidemia do Gabão foi causada pelos dois vírus. Cerca de 20 mil africanos desenvolveram infecção pelo CHIK ou pelo vírus da dengue. O vírus caminhou pelas estradas e eclodiram surtos em sete cidades.

Enquanto isso, mais turistas das regiões do Oceano Índico retornavam doentes, porém, raramente desencadearam epidemias nos seus países. Em geral, melhoravam antes de serem picados pelos *Aedes* locais, exceto os casos da Itália e Gabão já descritos. A facilidade de locomoção humana dos dias de hoje aumenta o risco da doença chegar ao Brasil. Em 2004, mais de um milhão e meio de turistas deixaram as ilhas acometidas de Madagascar, Maurício, Reunião, Mayotta e Seychelles. Turistas adoeceram pelo CHIKV na Espanha, França, Itália, Alemanha, Canadá, Estados Unidos, Bélgica e Inglaterra. A chance de o Brasil entrar nessa lista é grande. Caso a epidemia ecloda em nações vizinhas a nossa, o risco do vírus cruzar nossas fronteiras será maior. Viajantes da região do Índico retornaram doentes para a Guiana Francesa, Guadalupe e Martinica. Porém, não precipitaram epidemias nessas regiões.

Se essa próxima epidemia chegar ao Brasil teremos os noticiários de verão recheados de casos do CHIKV e da dengue. A população brasileira lotará os prontos-socorros com sintomas indistinguíveis de ambos os vírus. A dúvida de qual vírus acomete o doente irá pairar nos médicos. Todos os pacientes serão hidratados e, alguns, internados. O sistema de saúde gastará recursos financeiros para realizar exames diagnósticos que diferenciarão qual doente deverá ser hidratado com maior vigor: o acometido pela dengue. Aqueles infectados pelo CHIKV ficarão em casa por mais tempo devido às dores articulares incapacitantes, o que ocasionará afastamento do trabalho e pequeno caos econômico. Pacientes com infecção por ambos os vírus surgiram na Índia, em Deli, quando o CHIKV chegou e encontrou o vírus da dengue já circulante. No auge da epidemia, alguns pacientes foram infectados por ambos os vírus ao mesmo tempo.[117]

Apesar da confusão diagnóstica que pode ocorrer entre os sintomas do vírus da dengue e os do CHIKV, ainda há outro vírus na Ásia que desponta como candidato à pandemia com chegada ao Brasil. E no seu caso, haverá maior dificuldade ainda para diferenciá-lo da dengue, pois a sorologia para dengue, nos acometidos por esses vírus, acusa erroneamente positiva. Isso mesmo, a infecção por esse vírus altera a sorologia da dengue, e, os pacientes, mesmo sem estar infectados pelo vírus da dengue, têm sorologia positiva. Os médicos pensarão tratar-se de dengue, e isso poderá retardar a descoberta viral em nosso território, se aqui chegar. A eminência da disseminação desse novo vírus aos brasileiros surgiu em 2007, na Micronésia.

A SEGUNDA GUERRA MUNDIAL TROUXE A DENGUE

Na Segunda Guerra Mundial, a disputa pelas ilhas do Pacífico, entre japoneses e americanos, acarretou migrações maciças de refugiados, combatentes e nativos. As ilhas da região se comunicaram através dos navios de guerra e material bélico que partiam e chegavam. Acredita-se que isso contribuiu para que os quatro diferentes tipos do vírus da dengue se disseminassem e se encontrassem nas diferentes regiões. Logo após a guerra, os asiáticos teriam maior chance de adoecer por um segundo tipo viral, o que coincidiu com o surgimento dos casos de dengue hemorrágica em solo asiático.[118]

NOVO VÍRUS ECLODE NA MICRONÉSIA

Em 18 de abril de 1947, o macaco rhesus número 766 adoece no interior da jaula assentada na plataforma construída nos elevados galhos de uma floresta em Uganda.[119] Por que o macaco estava lá no alto? Pesquisadores da Fundação Rockfeller o haviam colocado nas alturas para ser agredido pelos mosquitos florestais e adquirir o vírus da febre amarela para estudos. Porém, esse animal, dito sentinela, trouxe outra descoberta aos pesquisadores. Uma vez febril, foi levado ao laboratório da capital Entebbe, e lá, o sangue do rhesus 766 foi inoculado no cérebro de camundongos para que tal vírus se reproduzisse. Em dez dias, todas as cobaias, agora doentes, forneceram grandes quantidades do vírus então descoberto. O macaco adquiriu a infecção nas árvores da floresta de Zika, Uganda, daí o nome que o recém-descoberto recebeu: vírus Zika.

Um ano depois, os pesquisadores encontraram o vírus na natureza, no interior de uma espécie de mosquito *Aedes* da floresta Zika. Estava confirmado: a doença era transmitida pela picada dos mosquitos do gênero *Aedes*. Portanto, a doença pode se acomodar em qualquer região infestada por tal mosquito, ou seja, nos trópicos, inclusive no Brasil. Desde sua descoberta, o vírus Zika não causou epidemias, apenas 14 pessoas foram diagnosticadas com a doença em todo o mundo. As sorologias mostram infecções passadas em pessoas de nações africanas (Egito, Nigéria, Uganda e Senegal) e asiáticas (Índia, Paquistão, Malásia, Indonésia, Tailândia e Vietnã).[120] Isso mostra que os sintomas da doença causada pelo Zika são leves e passageiros, não se fazendo o diagnóstico. Apesar dos poucos casos e a ausência de epidemias até aquele momento, essa história estava prestes a mudar em 2007.

Ao norte da Austrália, partindo da Nova Guiné em direção norte, encontra-se um conjunto de ilhas, a leste das Filipinas, que formam o Estado Federativo da Micronésia. Em um de seus estados encontramos a ilha Yap, com cerca de 15 km de extensão e 6 km de largura. Em abril de 2007 iniciou-se uma epidemia entre os moradores da ilha. Os médicos, no início, acharam ser mais uma epidemia de dengue que acometia a ilha: já sofrera duas anteriores. Os quatro centros de saúde e o hospital da ilha atendiam filas de doentes com febre, dor pelo corpo, dor nas juntas, conjuntivite e lesões cutâneas sugestivas de processo viral. Uma provável epidemia de dengue ganhava força pelo exame de sangue de três pacientes atendidos: sorologia positiva para o vírus da dengue.

Apesar disso, um grupo de médicos não se conformara com o diagnóstico. Os sintomas dos pacientes não eram típicos da doença, como os que haviam sido vistos nas duas epidemias anteriores de dengue. As sorologias positivas foram trocadas pelos médicos, que enviaram amostras de sangue dos doentes para um centro de pesquisas no Colorado, EUA, em junho, no terceiro mês de epidemia. O laboratório americano informou que havia encontrado, em 14% das amostras, o RNA do vírus Zika, enquanto várias outras amostras revelaram sorologias positivas. A epidemia da ilha Yap estava esclarecida.

O vírus deve ter chegado a Yap por viajantes infectados vindos das Filipinas, onde sorologias prévias de seus habitantes mostraram a presença do vírus Zika pela ilha. O fluxo humano entre as ilhas é grande, e as Filipinas abrigam os grandes centros urbanos próximos de Yap. O viajante infectado, com vírus no sangue, foi picado pelas espécies de *Aedes* que habitam Yap. E são muitos os focos: a larva ou pupa do mosquito foi encontrada em quase metade das coleções de água da chuva, e em coleções de água de mais da metade das casas investigadas. Portanto, a ilha, coberta de matas, era um caldeirão para epidemias transmitidas pelo *Aedes*. Porém, foi a dimensão da epidemia que mais impressionou.

Os investigadores visitaram e questionaram moradores da ilha a respeito de sintomas anteriores, revisaram prontuários médicos de pacientes atendidos ou internados, e coletaram sangue de uma parcela da população em busca de sorologia que indicasse infecção prévia. Descobriram que uma boa parte da população relatou sintomas semelhantes à doença nos meses da epidemia, e muitos nem foram ao médico. Encontraram sorologias indicativas de infecção passada durante o pico da epidemia. Após interpretarem os resultados estatísticos e cálculos, concluíram que, provavelmente, cerca de cinco mil dos quase sete mil moradores da ilha adquiriram infecção pelo vírus Zika. A doença deve ter atingido cerca de 70% dos habitantes da ilha: a única e maior epidemia até então.

Por ser uma doença com sintomas leves e passageiros, é comum não fazer seu diagnóstico. Os pacientes melhoram após poucos dias, e sequer procuram o médico. Se forem à consulta médica poderão receber o diagnóstico de uma provável virose, bem como o tratamento padrão: repouso, antitérmico e hidratação com água e sucos. Exceto no caso de uma epidemia que aflorará aos olhos da população e dos órgãos de saúde: nesse caso se empenharão para saber qual vírus se alastra pela população. A sorologia positiva para dengue atrapalhará as conclusões. Por que a infecção pelo Zika causa a falsa sorologia positiva para o vírus da dengue? Ambos os vírus pertencem à mesma família, bem como o da febre amarela. Por isso, apresentam algumas semelhanças no material genético, o que pode fazer os anticorpos produzidos contra o Zika reagirem parcialmente com os exames para dengue.

Se a infecção chegar ao Brasil, teremos diversas sorologias positivas para dengue enquanto o vírus Zika se alastra pelo *Aedes aegypti* brasileiro de maneira oculta. Demoraremos em reconhecer sua chegada, que apesar de causar desconforto e deixar o doente acamado, não mata. Os casos do vírus Zika deverão ser confundidos com a dengue. É provável que o vírus, pela abundância de mosquitos, se dissemine pelas ilhas do Pacífico, pelas nações da Ásia e África, e chegue à América. Poderá vir por viajante infectado ou mosquito transportado nas embarcações ou em aviões. Seria difícil? Não, pois isso já ocorreu durante a epidemia de Yap, mas, por sorte, não ocasionou epidemia na América. Uma jovem médica voluntária permaneceu na ilha de Yap durante a epidemia, na segunda quinzena de junho de 2007. Uma semana após retornar aos Estados Unidos, a jovem apresentou febre e sintomas da doença. A sorologia para vírus Zika deu positiva, ou seja, a médica se infectou em Yap e veio adoecer já em solo americano quando seu sangue apresentou grandes quantidades do vírus.[121] Nesse momento, se fosse picada pelos *Aedes* americanos, o vírus passaria a circular e permanecer nos mosquitos do novo continente. O Brasil apresenta esse risco, que se eleva enquanto aumenta o intenso tráfego aéreo de turistas e as terras conquistadas pelo vírus na Ásia, Oceania, África e Pacífico.

OS PRIMÓRDIOS DA DENGUE

A primeira epidemia descrita de dengue ocorreu em Jacarta, Indonésia, em 1779. A doença foi referida como "febre das juntas" em razão das dores articulares e ósseas. O vírus levado à Filadélfia ocasionou uma epidemia americana com a denominação de "febre quebra ossos". Somente quem teve a dengue sabe o que significam as dores musculares e ósseas da doença.[122] Hoje, acreditamos que a intensa dor óssea decorre da replicação do vírus na medula óssea.

DISSEMINAÇÃO DO VÍRUS CHIKUNGUNYA

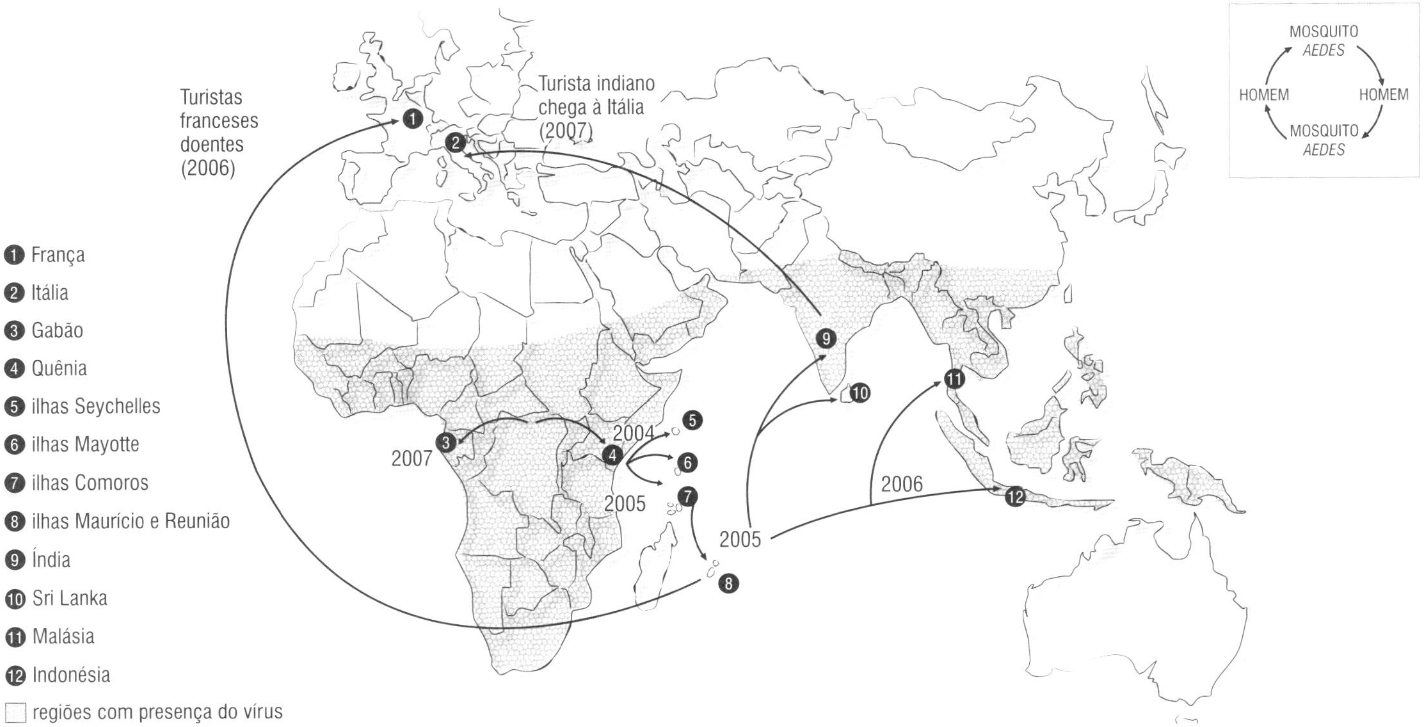

Avanço das epidemias pelo vírus Chikungunya vindo da África. Em 2010 também foram registrados casos de turistas doentes que retornaram para as Américas.

UM VÍRUS SE ALASTRA DO NORTE

Militares japoneses se aglomeravam nas instalações secretas do seu território em 3 de novembro de 1944. Todos se reportavam aos superiores responsáveis por aquele projeto e, após meses de pesquisas, estavam prestes a iniciar sua primeira missão. O exército do imperador Hirohito pretendia um ataque aéreo aos Estados Unidos sem levantar uma única aeronave do chão. Naquele dia, militares veriam ascender, no campo de lançamento, um balão de dez metros de diâmetro preenchido com gás hidrogênio. Amarras seguravam o balão a poucos metros do solo enquanto os últimos reparos eram feitos. Cordas entrelaçadas o abraçavam e o convergiam na porção inferior para o aparelho pendurado na sua extremidade, que era o órgão vital da engenhoca.

Uma armação circular de alumínio pendia do balão. Militares faziam os últimos ajustes nos aparelhos acoplados ao aro metálico do tamanho de uma roda de bicicleta. Checavam as bombas incendiárias penduradas na extremidade inferior. Testavam a resistência das cordas que prendiam cerca de trinta sacos de areia. Avaliavam o funcionamento da pequena bateria e seus fusíveis. Fixavam o altímetro instalado na parte superior. Um emaranhado de fios conectava todos esses aparatos.

O lançamento foi autorizado, e o balão, liberado de suas amarras, ascendeu. Atingiria pouco mais de 9.000 metros de altitude, até alcançar a grande descoberta dos japoneses. Os aviadores do imperador Hirohito haviam encontrado uma forte corrente de vento nas alturas do país. Descobriram a corrente de ar que atravessa o Japão e caminha para a costa oeste dos Estados Unidos. Os ventos desse corredor das alturas caminham de forma constante e rápida, percorrendo mais de 8.000 km em cerca de três dias. Não demorou para estrategistas militares japoneses pensarem no projeto que usaria essa avenida para bombardear as terras americanas inimigas.

O balão, ao ultrapassar os 9.000 m de altitude, seria carregado pela corrente em direção leste. O altímetro reconheceria qualquer queda de altitude, que o colocaria em risco de escapar da corrente. Nesse caso, sinais seriam disparados à bateria que, por sua vez, acionaria o maquinário para desprender os sacos de areia. O peso aliviado faria o balão subir e se manter no interior da corrente de ar. O contrário também era previsto. A ascensão acima dos 11.000 m de altitude seria detectada pelo altímetro que comandaria a liberação de gás hidrogênio. O balão caminhava em direção ao inimigo oscilando entre altos e baixos.

O maquinário funcionaria por cerca de três dias, período esperado para que as bombas incendiárias chegassem à costa oeste americana. A exatidão do ataque era pequena, mas compensada com o envio de muitos balões carregados de explosivos: o exército japonês lançou cerca de nove mil ataques. A grande maioria se perdeu no mar ou nas costas de outros países, como Canadá e México. Poucos chegaram aos Estados Unidos. A esperança japonesa era que as bombas provocassem incêndios florestais no litoral inimigo, desestabilizando a população com pânico. Apesar do invento muito engenhoso, não houve sucesso. Os incêndios foram raros e apenas seis americanos morreram pelas bombas e, mesmo assim, por descuido do grupo que realizava um piquenique nas planícies do estado do Oregon. Um pastor e sua esposa levavam cinco crianças para o passeio em 5 de maio de 1945. Enquanto descarregava as cestas do carro, o pastor ouviu as crianças dispersas gritarem a descoberta de um balão agarrado nas árvores. Uma delas tentou desprender o balão e, ao manipular o aro de metal, explodiu acidentalmente sua bomba acoplada. A mulher e as cinco crianças foram mortas na explosão em Oregon. Foram as únicas vítimas dos ataques japoneses.

Militares americanos descobriram os ataques constantes pelas alturas e policiaram seu espaço aéreo em busca da chegada do inimigo. De lá vinha o perigo de ataque japonês. Mantiveram segredo da população para não despertar pânico. A próxima epidemia esperada no Brasil também virá das alturas. Tudo indica que chegará pelas fronteiras do norte da nação, vinda dos

Estados Unidos, da América Central ou de países vizinhos da América do Sul. Órgãos de vigilância do governo monitoram a provável chegada de um vírus desconhecido aos brasileiros. A população ignora esse risco eminente. As altitudes trarão esse invasor que poderá, após a epidemia inicial, permanecer em nosso território. O vírus é lançado às alturas desde 1999. Tudo começou na cidade de Nova York.

SURPRESA EM NOVA YORK

Moradores do bairro do Queens, em Nova York, começaram a notar corvos mortos pelo chão em junho de 1999. Algo estranho ocorria entre as aves da cidade. O mau presságio atribuído ao corvo não incomodou os nova-iorquinos, que passaram por cima das aves sem desconfiar que fosse o aviso de uma nova epidemia.

Em dois meses a situação não se alterou, pássaros mortos continuaram a aparecer pelo Queens e, agora, também no Bronx. Veterinários começaram a se inquietar com as aves agonizantes por alterações neurológicas. A estranha doença parecia afetar o sistema nervoso. Talvez uma epidemia aviária que causasse inflamação no cérebro (encefalite) dos pássaros. Enquanto aves tombavam nas calçadas e ruas da cidade, um médico do hospital do Queens ligava para o Departamento de Saúde da Cidade de Nova York. A chamada telefônica, realizada em 23 de agosto, alertava as autoridades sobre dois pacientes atendidos com infecção no sistema nervoso central.[123] O cérebro inflamado dos pacientes levava-os ao torpor, sonolência e coma. A presença de febre e os exames apontavam algum tipo de vírus como causa. Nova York poderia estar passando por uma epidemia de meningite, encefalite ou ambas? O Departamento de Saúde analisou as notificações anteriores realizadas por outros profissionais e constatou a presença de mais casos. A população nova-iorquina poderia estar vivenciando o início de uma epidemia.

A investigação do Departamento concluiu que a doença era causada por um agente conhecido, presente no país: o vírus da encefalite de Saint Louis. O futuro mostraria que foi um erro acreditar nessa causa e menosprezar outros agentes. Já se sabia que o vírus dessa encefalite é transmitido pela picada de mosquitos. Assim, no início de setembro começou o ataque no Queens e no Bronx com inseticidas e larvicidas para reduzir a população de mosquitos que estaria por trás do surto. Nova-iorquinos acometidos pela nova doença surgiam no Queens, Bronx e, agora, no Brooklyn e em Manhattan. Os doentes surgiam dentro de um raio de 10 km do foco inicial do Queens.[124] Enquanto as autoridades de saúde se apegavam na hipótese do tal vírus, corvos continuavam a tombar e, dessa vez, próximos ao zoológico do Bronx.

Os administradores do zoológico presenciavam a morte de aves. Flamingos e faisões amanheciam mortos, além de pássaros que frequentavam as imediações. Algo estranho também ocorria naquele local, à 8 km de distância dos casos humanos. Nenhuma conexão foi feita entre a doença das aves e a humana. Ambas foram investigadas de maneira separada por órgãos distintos.

Veterinários do zoológico, apavorados, examinaram órgãos das aves mortas. Necessitavam afastar um surto contagioso que pudesse se alastrar para outras aves. A abertura dos corpos revelou a doença: inflamação cerebral. Um provável vírus agredia seus cérebros. Enquanto aves morriam de encefalite, pacientes que chegavam aos hospitais recebiam diagnóstico equivocado de encefalite de Saint Louis, sem saber que o problema era muito mais sério do que imaginavam. Os órgãos retirados das aves mortas do zoológico foram despachados para laboratórios especializados do Departamento Nacional de Agricultura e Veterinária. Os administradores do zoológico aguardavam o laudo.

Os exames iniciais não obtiveram sucesso. Os biólogos dos laboratórios fizeram testes para os principais vírus que acometem aves americanas, mas não conseguiram identificar nenhum. O próximo passo foi encaminhar as amostras para o Centro de Controle e Prevenção de Doenças (CDC). Dessa vez os exames foram conclusivos, e os médicos do CDC ficaram atordoados com o resultado dos exames finalizados em 23 de setembro. A doença aviária era causada por um vírus jamais encontrado na América: o vírus da encefalite do Nilo Ocidental, ou vírus do Oeste do Nilo. Ligações telefônicas frenéticas conectaram o CDC ao Departamento de Saúde de Nova York. O vírus da encefalite do Nilo Ocidental provavelmente seria o responsável pelo surto de meningite e encefalite nas pessoas da cidade. Essa situação era extremamente grave. O vírus existia apenas na África e, raramente, no litoral mediterrâneo dos países europeus e do Oriente Médio. Pela primeira vez a América era invadida pelo vírus, e logo no interior de uma das maiores cidades do continente. Prontuários dos doentes foram revistos e amostras de sangue submetidas a novos testes. A nova investigação não deixou dúvidas:

a população de Nova York vivenciava uma epidemia da encefalite pelo vírus do Nilo Ocidental transmitida pela picada do mosquito *Culex.*[125] A doença cruzara o Atlântico e aportava na América. As medidas de combate ao mosquito urbano surtiram efeito, deixando como saldo final da epidemia 62 pacientes com 7 mortes.

O vírus foi descoberto em 1937 em uma mulher doente na província do Nilo Ocidental de Uganda, daí seu nome. Espécies de pássaros vulneráveis à doença são responsáveis pela manutenção do vírus na natureza. Mosquitos que se alimentam do sangue dessas aves adquirem o vírus e o transmitem, pela saliva, a outras aves. O principal mosquito transmissor é o *Culex.* Várias espécies de pássaros são contaminados e, frequentemente, adoecem e morrem. É o caso de corvos, pardais e gralhas. Inúmeras outras aves apresentam infecção leve e se recuperam. O vírus permanece nesse ciclo: aves – mosquitos – aves. Porém, o *Culex* pode, ao se alimentar do sangue de humanos e cavalos, transmitir a doença a esses animais.

A notícia de 1999 repercutiu como uma bomba. Como o vírus chegou lá? Até hoje não sabemos responder essa pergunta. Algumas hipóteses tentam explicar como ele foi introduzido na América.[126] Aves migratórias infectadas podem ter rumado do Velho ao Novo Continente, porém, essa hipótese é pouco provável porque, nesse caso, o vírus já teria chegado há mais tempo. Tempestades tropicais podem ter arrastado aves africanas ou europeias infectadas à América, novamente uma tese pouco aceita pelos cientistas. O comércio legal e clandestino de aves vindas a Nova York pode ter trazido o vírus. Nesse caso, vale a pena lembrar que a epidemia se iniciou nas proximidades do movimentado aeroporto internacional J. F. Kennedy. Por fim, o estudo genético do vírus de Nova York mostrou semelhança com o vírus que ocasionou uma epidemia em Israel naquele mesmo ano.[127] Portanto, há chance de um viajante infectado proveniente de Israel ter desembarcado em solo americano e exposto sua pele ao *Culex* de Nova York. Além disso, mosquitos infectados podem entrar nas aeronaves clandestinamente e serem transportados pelo Atlântico junto com os passageiros.

Os fatos ocorridos após o fatídico ano de 1999 mostram que o vírus avança em nossa direção. Nossos mosquitos e aves abrigarão o vírus responsável pela futura doença. Essa afirmação não pode ser contestada diante do caminho percorrido pelo vírus a partir da sua invasão na América, como veremos a seguir.

OURO NA CALIFÓRNIA ENVIA EPIDEMIA AO BRASIL

Os americanos descobriram ouro na Califórnia em 1848. Desde então, uma corrida frenética se iniciou à costa oeste da nação. Os portos brasileiros testemunharam uma enxurrada de americanos desembarcarem dos navios[128] que, vindos do sul dos Estados Unidos, faziam escalas no Brasil para prosseguir viagem contornando a América do Sul rumo à Califórnia. Em 1849, ocorreu o esperado: o vírus da febre amarela que assolava a América Central, ilhas do Caribe e sul dos Estados Unidos apanhou carona nesses navios e desembarcou em Salvador e Rio de Janeiro. Epidemias anuais da doença permaneceram pelo resto do século em cidades brasileiras.

RUMO AO SUL

Mais de cem espécies de aves americanas são suscetíveis à infecção viral. Muitas adoecem e morrem no local, porém outras são migratórias e, com formas leves da doença, transportam o vírus para longas distâncias,[129] e Nova York é rota de passagem para muitas dessas aves. Conclusão: aves infectadas rumavam pela costa Atlântica dos Estados Unidos e pousavam no litoral se expondo aos mosquitos.[130] A doença avançou no sentido sul. Em junho de 2001, na Flórida, o mau presságio retornou: corvos mortos apareceram pela região. Nos meses seguintes, humanos foram internados com encefalite pelo vírus. As proximidades de suas residências estavam infestadas por *Culex* portadores do vírus.[131] A doença chegava às portas da América Central.

O vírus utilizava as aves migratórias como trampolim para alcançar os mosquitos das ilhas do Caribe.[132] Enquanto doentes surgiam na Flórida, pássaros infectados caíam na Jamaica e nas ilhas Cayman. O vírus começava a fazer parte da paisagem das Américas, e os indícios apontavam que chegara para ficar. Um ano depois seria a vez de cavalos doentes em Guadalupe revelarem a presença viral na ilha. Da mesma forma, pássaros cambaleantes mostraram que o vírus havia chegado à República Dominicana. Ainda caminharia para Porto Rico e Cuba.

Em 2002, enquanto conquistava o território do Caribe, batalhões virais desgarrados de Nova York também seguiam outra rota. Aves migratórias os transportavam pelas alturas em direção à costa oeste americana.[133] A doença avançava e cruzava o território americano. Epidemias transpunham o rio Mississippi. Nesse ano, mais de quatro mil americanos adoeceram. No ano seguinte, o vírus alcançaria os estados da costa do Pacífico e seriam quase dez mil pessoas acometidas.

O México se posicionava à frente do avanço viral. Seus céus cuspiam aves provenientes do norte que buscavam solo para repouso. Traziam consigo partículas virais ávidas pela presença dos mosquitos mexicanos. O *Culex* mexicano se infectou do sangue dessas aves e disseminou a doença para aves nativas, homens e cavalos mexicanos. Foram esses últimos que, doentes em 2002, mostraram a presença do vírus da encefalite do Nilo Ocidental. No ano seguinte, o vírus encontrava-se presente em Belize, Guatemala e El Salvador.[134] Os cavalos dessas nações também adoeciam. O Brasil aguardava a sua vez.

Como uma tinta escorrendo no mapa da América, a doença avançava dos Estados Unidos ao sul do continente. Dois anos depois, em 2005, foi a vez dos colombianos se depararem com cavalos doentes ou mortos pela doença. O vírus da encefalite do Nilo Ocidental entrava na América do Sul. No mesmo período, a Venezuela confirmava a chegada do vírus através de aves mortas no solo.[135] Dezenas de aves migratórias da América do Norte deportavam o vírus para as nações sulistas, enquanto outras tantas o traziam por rotas mais curtas dos países acometidos na vizinhança.

O Brasil esperava sua chegada pelas mais de setenta espécies de aves migratórias vindas da América do Norte. Agora, com sua presença pelo menos na Venezuela e Colômbia, também aguardamos aves migratórias vindas das proximidades dessas nações. O vírus pode chegar pelo corredor migratório que atravessa a borda oriental do nosso país. Além disso, existem os corredores migratórios que cruzam o Rio Negro, Pantanal, Brasil Central, Xingu, Tocantins e a costa Atlântica.[136] Um leque de rotas migratórias pode trazer diversos pássaros infectados pelo vírus, como por exemplo, o maçarico, trinta-réis boreal, batuiruçu e bacurau. Além disso, uma vez no Brasil, o vírus poderá permanecer em nossas aves confirmadas ou suspeitas de se infectarem pelo vírus da encefalite do Nilo Ocidental: garça, marreco, gavião, falcão, maçarico, vira pedra, pardal, corvo, andorinha, mariquita, flamingo e viuvinha de óculos.[137]

Temos aves e mosquitos em abundância para sustentar a permanência viral em nosso território. Aguardamos apenas sua chegada. Porém, fatos ocorridos em fevereiro de 2006 despertaram dúvidas se a doença já não está no Brasil de maneira ainda desconhecida, ou pelo menos mostraram que estamos a um mínimo passo de sua chegada. Que fatos tão contundentes são esses? Vejamos.

Em fevereiro de 2006, dois cavalos adoeceram em uma coudelaria: iniciaram agitação, dificuldade para permanecer em pé ou marchar, e, em apenas dois a três dias, morreram. Um mês depois, outro cavalo viria a adoecer e morrer no jóquei-clube de uma cidade próxima. Os exames posteriores não deixaram dúvidas: os animais sucumbiram pelo vírus do Nilo Ocidental. Mas por que esses fatos nos deixariam tão incomodados? Porque ocorreram aqui perto, na Argentina, a 100 km de Buenos Aires.[138] Podemos levantar duas possibilidades: o vírus saltou o território brasileiro para aterrissar na Argentina, ou, obedeceu a sua sequência de progressão, e, nesse caso, já está em nosso solo. As pesquisas mostram que o vírus da encefalite do Nilo Ocidental está disperso pelas aves argentinas,[139] e já é uma endemia nas províncias do Norte: Córdoba, Chaco, Entre Ríos e Túcumam, próximas à fronteira brasileira. Resta sabermos quando faremos o diagnóstico do primeiro doente brasileiro.

Caso o vírus não esteja no Brasil podemos ser invadidos, agora, pelas aves migratórias não apenas vindas do norte, mas também do sul. Estamos a um passo da epidemia. O surgimento dos primeiros casos trará preocupação à população. A mídia reviverá a epidemia de Nova York, e os brasileiros ficarão receosos da possibilidade de epidemias urbanas pela doença transmitida pelo mosquito *Culex*, abundante em nossas cidades. No início, saberão que a maioria dos infectados não desenvolve formas graves da doença,[140] porém, o pânico deverá fazer com que a população dê ênfase apenas às notícias ruins: quase metade dos americanos hospitalizados tem inflamação cerebral, e entre 4% e 18% morrem. Assustador, não? Como em toda epidemia, somente o pior será destacado. Quem arriscaria não procurar o médico quando aparecer febre e dor de cabeça? Pior, a dor de cabeça é uma manifestação quase onipresente em qualquer tipo de infecção. Imagine, então, diante do medo, quantas pessoas permanecerão nas filas de atendimento por dor de cabeça de qualquer outra natureza exceto pelo vírus da encefalite do Nilo Ocidental?

A MORTE DE ALEXANDRE, O GRANDE

O conquistador macedônio, Alexandre, o Grande, morreu aos 32 anos de idade, em 323 a.C., na Babilônia. Sua morte ocorreu por provável quadro infeccioso que precipitou febre durante as duas semanas que permaneceu acamado no retorno das conquistas que o levaram até a região da Índia. O falecimento ocorrido na época anual de maior proliferação de mosquitos da região do Iraque, aliado à antiguidade da presença do vírus do Nilo Ocidental, fizeram da encefalite uma das candidatas à causa da morte de Alexandre, o Grande.[141]

AVANÇO DO VÍRUS DO NILO OCIDENTAL NAS AMÉRICAS

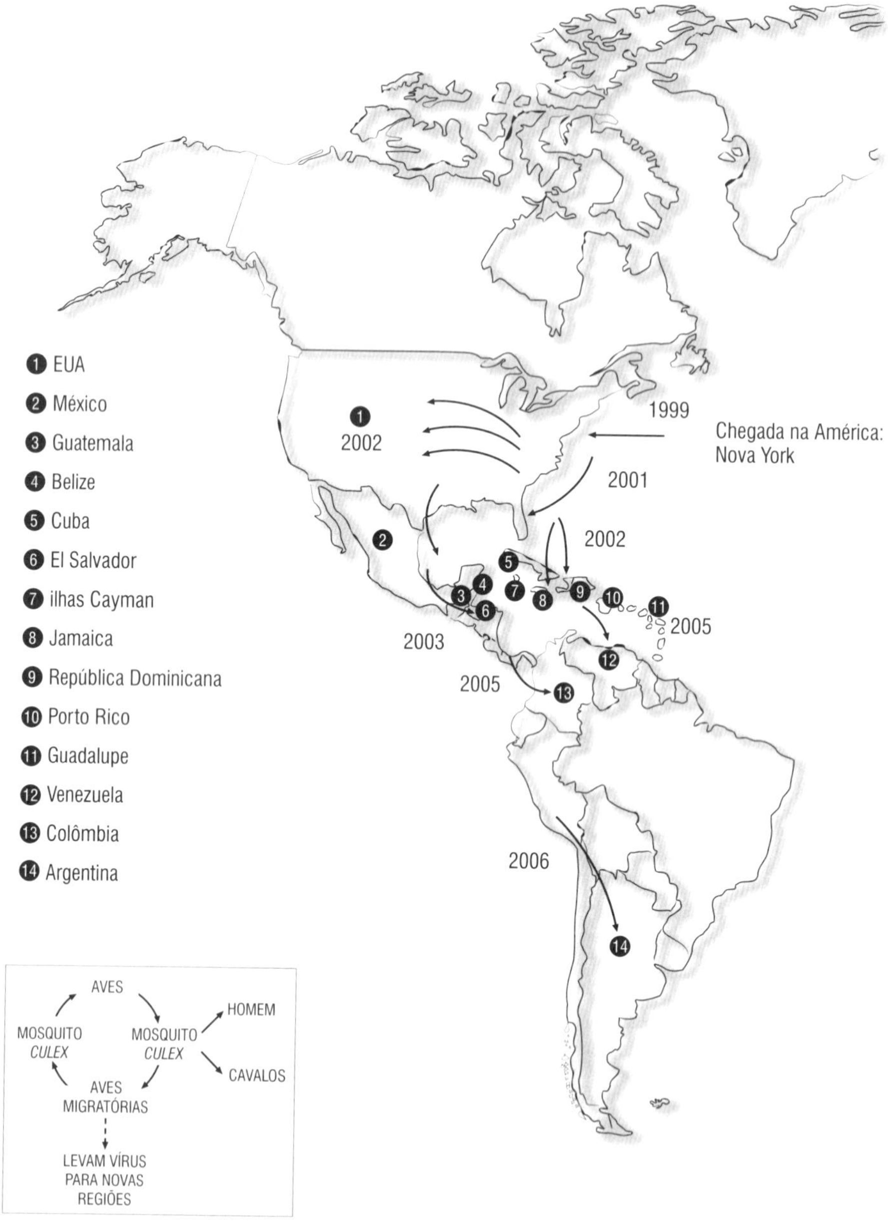

Caminho percorrido pelo vírus em direção ao Brasil.

O RETORNO DA TUBERCULOSE INCURÁVEL

O cientista ucraniano Selman A. Waksman emigrou para os Estados Unidos em busca de um futuro mais promissor. Naturalizou-se americano em 1916 e, em 1943, aos 55 anos de idade, realizou a maior descoberta da sua vida. Nessa época, Waksman cumpria sua jornada de trabalho na Universidade de Rutgers, em Nova Jersey. Sua rotina começava todas as manhãs em seu laboratório, quando vestia o avental branco, dependurado na entrada da sua sala, usado para proteger sua camisa e gravata dos produtos químicos que manipularia. Parte do dia, Waksman sentava-se diante da bancada lotada de frascos de vidro e plástico repletos de reagentes químicos. Os utensílios de seu laboratório ainda incluíam tubos de ensaio, recipientes de vidro para mistura de soluções, caixas de fósforos para acender o gás que emanava do bico encostado no canto da mesa, conta-gotas para medida precisa das soluções, além de outros instrumentos manuais. Toda essa parafernália recebeu a bactéria protagonista da vida de Waksman, aquela que o faria ganhar o prêmio Nobel em 1952.

Uma pequena estufa fornecia temperatura adequada para as formas de vida microscópicas responsáveis pela glória de Waksman. Placas de vidro preenchidas com solução gelatinosa forneciam nutrientes para os micróbios, e ali dentro, no quente e nutritivo meio, cresceu o *Streptomyces griseus*. Há mais de vinte anos, Waksman trabalhava no Departamento de

Bacteriologia e Química do Solo de Nova Jersey. Conhecia várias formas de vida microscópicas da ecologia do solo. Suas pesquisas eram úteis à agricultura. Várias espécies de bactérias e fungos passaram pelas suas mãos. Adquirira enorme experiência nessas formas de vida naturais. De repente, durante a Segunda Guerra Mundial, Waksman mergulhou em um novo desafio na sua vida.

A ciência ainda digeria a surpreendente descoberta da penicilina produzida por um tipo de fungo. Quem diria que um ser microscópico forneceria a cura da pneumonia, infecção de garganta, otite, gonorreia e sífilis. Enquanto a Inglaterra aprimorava a utilidade da penicilina, a Alemanha nazista investia em drogas sintéticas: apostava na descoberta de antibióticos produzidos a partir dos corantes. A lógica estava na ideia de que corantes impregnariam bactérias, deixando-as inativas. Cientistas trajando suástica descobriram as sulfas. Porém, os esforços foram dispendiosos. Valeria mais a pena buscar outras formas microscópicas produtoras das tais substâncias antibacterianas: a descoberta da penicilina mostrava isso. Waksman resolveu usar seu conhecimento para buscar novas drogas naturais com poder antimicrobiano.

Frascos de vidro entravam e saíam de sua estufa. Uma fila de bactérias e fungos aguardava sua vez de ingressar na fábrica de reprodução de microrganismos. Os caldos produzidos pelos micróbios eram filtrados em busca de substâncias eficazes para combater outras bactérias. Mais de dez mil culturas passaram pelas mãos de Waksman que as garimpava na esperança de descobrir novos antibióticos. Sua sorte mudou com o *Streptomyces griseus* descoberto na garganta de uma galinha doente. O microrganismo poderia produzir alguma molécula contra infecções humanas? Waksman a procuraria no caldo extraído da cultura, como fizera inúmeras vezes para outras tantas bactérias. Filtrava o líquido extraído, tentava absorver moléculas estranhas em carbono, adicionava ácido e solvente. Evaporava e desidratava as soluções. Nova filtragem, nova evaporação, e assim por diante até isolar as sustâncias finais e cristalizadas. Assim, em 1943, Waksman descobriu a estreptomicina produzida pelo *Streptomyces.*

Os testes com a substância deixaram os cientistas boquiabertos. A nova molécula de Waksman era eficaz contra a bactéria da tuberculose. Se isso se confirmasse, seria a primeira vez que a ciência descobria algo contra o grande mal da humanidade, e isso ocorreu em novembro de 1944, quando uma jovem tuberculosa foi tratada com estreptomicina e cirurgia para retirada de parte do pulmão danificado pela doença. O resultado foi animador: cura total. Nos anos seguintes surgiram novas drogas contra a tuberculose. Em questão de anos, médicos aprimoraram o esquema de remédios para tratamento da doença. A associação de drogas e o tempo de tratamento se refinaram para, finalmente, chegar ao esquema padrão utilizado nos dias de hoje.

FÁBRICAS DE DOENÇAS

No século XIX, as cidades industriais da Europa abrigavam famílias de assalariados depauperados pela longa jornada de trabalho maçante e baixos salários: mulheres e crianças recebiam salários menores do que os homens por jornadas de mais de 12 horas diárias. Cortiços abrigavam várias famílias aglomeradas que favoreceram epidemias respiratórias. Doenças como coqueluche, difteria, tuberculose, escarlatina e diarreia reinavam nas crianças, e mais da metade morria antes de completar 5 anos de idade.

O número de doentes e mortes despencou nas décadas de 1960 e 1970. No início da década de 1980, com a erradicação da varíola, aumentavam as previsões de que a humanidade entraria no século XXI sem a presença da tuberculose, o sucesso dos tratamentos apontava nessa direção. Médicos da década de 1980 previam a extinção da tuberculose, seus dias estariam contados. Porém, não apenas falhamos nessa previsão, como também estamos à beira de uma nova epidemia da doença. Como veremos a seguir, a tuberculose está retornando e, pior, ameaça se transformar em uma epidemia sem cura. Os remédios atuais perdem seu efeito, enquanto surgem bactérias da tuberculose resistentes. Os dados de 2008 mostram como perdemos a batalha contra a tuberculose:

- 2 bilhões de pessoas estavam infectadas pela bactéria da tuberculose (um terço da humanidade);
- 9,4 milhões de tuberculosos foram diagnosticados;
- 1,8 milhões de pessoas morreram pela tuberculose. Três mortes a cada minuto.

Uma epidemia silenciosa é candidata à próxima catástrofe mundial. Há anos a tuberculose ganha terreno na humanidade com bactérias resistentes às drogas atuais e empregadas há décadas. Um novo batalhão facilmente transmissível emerge pelo planeta com bactérias sem opção de tratamento, resistentes a quase tudo. Surgem bactérias sem remédio para se empregar. Podemos estar caminhando para a volta dos sanatórios e isolamento de pacientes em cidades montanhosas. Como explicar nossa derrota eminente para a bactéria? Como a doença se alastra pelos continentes? Como deixamos surgir bactérias resistentes e sem opção de tratamento? Como é possível diagnosticar pacientes tuberculosos e, simplesmente, não ter o que fazer? Veremos as respostas a essas perguntas e o avanço da próxima provável pandemia de tuberculose.

UM ÁRDUO TRATAMENTO

Para entender nossa derrota sorrateira, precisamos saber como se trata a doença, o que médicos, em meados do século XX, descobriram. Hoje, usamos um esquema de tratamento desenvolvido após anos de tentativas, entre erros e acertos. A descoberta da melhor forma de empregar os remédios surgiu como em um jogo de xadrez. A bactéria mostrava seu lance, que decepcionava médicos do século XX: a doença retornava mais forte. Contra-atacávamos com o próximo lance de peças, no caso, drogas. Esquemas de tratamento com mais drogas e mais tempo nos colocavam, novamente, à frente da doença. Os pacientes observados após o término do tratamento não voltavam a adoecer. Finalmente, encontramos um tratamento padrão e eficiente: três tipos diferentes de remédio por seis meses.

O paciente tuberculoso elimina bactérias na tosse. As gotículas de água, recém-saídas do pulmão, contêm algumas bactérias que, suspensas no ar, serão inaladas pelos futuros infectados. Caso não tratado, esse tuberculoso poderá infectar entre 10 a 15 pessoas em um ano. Em um grupo de 20 infectados será travada uma árdua batalha nos pulmões. A bactéria inalada chega aos alvéolos, regiões terminais do pulmão, que são minúsculos sacos aéreos cujas paredes são cobertas por uma rede, também minúscula, de vasos sanguíneos. Aqui ocorrem as trocas gasosas: o gás carbônico deixa o sangue para o interior do alvéolo enquanto o oxigênio inalado segue a rota oposta.

Agora, nosso grupo de vinte infectados apresenta bactérias se proliferando nos alvéolos. Umidade, calor e nutrientes incendeiam a atividade da bactéria que se reproduz. Por sorte, a bactéria da tuberculose não se multiplica de maneira rápida, leva quase um dia para se dividir em duas outras. As defesas desse grupo de pessoas recém-infectadas entram em ação. Existem células de defesa posicionadas no interior dos alvéolos que funcionam como sentinelas a procura de qualquer invasor aéreo que entre pela inalação. Reconhecem a bactéria invasora e se dirigem na sua direção para tentar bloqueá-la. Unem forças e tentam cercar a invasora. Nossas células de defesa se fundem para formar células maiores e englobar a bactéria da tuberculose. Além disso, liberam substâncias químicas que emitem sinais recrutando mais células de defesa para o rombo na nossa muralha.[142] Migram mais células que se juntam às primeiras. Nesse momento ocorre uma bifurcação na evolução desses vinte infectados. Um dentro desse grupo não conseguirá conter a multiplicação da bactéria da tuberculose, que vencerá sua defesa: surgirá a doença. Os outros 19 conseguirão conter a proliferação bacteriana, mas não destruir as bactérias. Suas defesas as cercam e as incrustam numa carapaça de células de defesa que as manterão inativas para o resto da vida. A bactéria não estará morta, ficará dormente e contida pelo cerco das células de defesa. Porém, uma dessas 19 pessoas inicialmente bem-sucedidas terá suas defesas comprometidas em algum momento da vida. Com isso, afrouxará o cerco, e a bactéria reacenderá seu poder: a doença emergirá. Esse renascer da tuberculose dormente nos pulmões pode ocorrer após muitos anos. A ciência já comprovou doentes da década de 1960 que infectaram parentes próximos que vieram a adoecer após trinta anos. A bactéria recuperada na cultura dos escarros mostrou ser a mesma que permaneceu quieta desde a década de 1960 para eclodir após três décadas.[143]

NOBRE MOBÍLIA

As escarradeiras eram instaladas nas portas de fábricas, domicílios, igrejas, teatros, restaurantes etc. As mais imponentes eram feitas de faiança, porcelana, vidro e metais nobres com desenhos e relevos decorativos. As dos locais abastados eram preenchidas com antisséptico de ácido fênico, enquanto as dos ambientes humildes continham cinza, serragem ou areia.

Médicos aprovavam o ato elegante de eliminar as secreções respiratórias nas escarradeiras para evitar acúmulo de líquidos nocivos, e evitar a disseminação da tuberculose deixando de cuspir e escarrar bactérias da doença no solo.[144]

Portanto, uma em cada dez pessoas infectadas desenvolverá a doença em algum momento da vida. A tuberculose poderá se manifestar desde o início da infecção ou a bactéria dormente acordará e se manifestará após anos. Uma vez iniciada a doença, ocorre seu avanço entre as células pulmonares. Está indicado o tratamento que, como veremos a seguir, é realizado com estratégia que utiliza combinações de drogas por seis meses.

Bactérias *versus* células de defesa liberam substâncias que danificam os pulmões. O campo de batalha é esburacado pela luta, surgindo a marca registrada da doença: a cavitação. Um buraco emerge no pulmão tuberculoso, facilmente visualizado na radiografia. Bactérias se multiplicam, e, em média, encontra-se cerca de 100 milhões delas forrando as paredes da cavitação. O pulmão danificado causa a tosse enquanto a reprodução bacteriana provoca a febre que predomina à noite. Muitas vezes o paciente não percebe a febre noturna, mas sim seus indícios: suor noturno. Acorda com o pijama encharcado. A infecção também debilita o doente, que emagrece. Todos esses sintomas são incipientes e lentos. O paciente pode demorar meses para desconfiar da doença e procurar o médico. É hora de tratarmos nosso doente.

As bactérias que se reproduzem dentro da cavitação serão combatidas pelos comprimidos de isoniazida (sigla: INH) ingeridos em jejum. Somente ela terá excelente eficácia para impregnar a parede da cavitação e avançar no inimigo. A bactéria, atordoada pela droga, fica paralisada e é destruída. A batalha se interrompe e células reparadoras ocupam o espaço vazio. O buraco começa a se fechar. O pulmão reforma o dano e fecha-se a cavidade que esteve repleta de bactérias. A INH será mantida por seis meses. Se fosse só isso não haveria problema, mas tem mais.

Durante a doença há bactérias que foram englobadas pelas células de defesa, e no interior de nossas células, tentam se reproduzir, mas são inibidas pelas moléculas celulares. Mesmo assim, permanecem viáveis, quase dormentes. Se não forem tratadas, caminharão para o despertar e perpetuar a doença. A INH não penetra nas células para combatê-las.

É preciso, portanto, de mais uma droga. Entra em cena a rifampicina (sigla: RMP). Nosso paciente, então, também ingere comprimidos de rifampicina em jejum. A maioria dos doentes desaprova a informação de que receberá dois tipos de medicamentos para a doença por seis meses. Mas aí vem a próxima notícia: também terá que tomar mais um remédio, o terceiro, nos dois primeiros meses.

Existem regiões que a batalha causa áreas liquefeitas no pulmão. São regiões com aspecto parecido ao de pasta de dente ou leite coalhado, chamadas de cáseo. Ambas as drogas já prescritas não penetram no seu interior e, muito menos, agem em seu pH ácido. Para isso, lançamos mão da pirazinamida (sigla: PZA). Agora sim, o esquema de tratamento está completo. A receita contém INH e RMP por seis meses, e PZA nos dois primeiros meses.

O paciente pode não entender por que tanto remédio e por tanto tempo. Receberá as explicações já dadas, mas, mesmo assim, não se conforma com o exagero. Se soubesse a grande dor de cabeça que a tuberculose está causando nos dias atuais, não contestaria o esquema ofertado. Porém, há uma justificativa muito maior para esse exagero de medicação, e é aqui que está a causa do retorno da tuberculose como candidata à próxima pandemia.

A população de bactérias se reproduz na cavitação e, naturalmente, surgirá uma que será resistente a INH. Esse fenômeno é natural da bactéria, e não podemos evitá-lo. Mutações do seu DNA ocorrem a todo o momento e podem fornecer resistência. Essas bactérias resistentes à droga não sofrem absolutamente nada com o remédio e, portanto, se multiplicam como se não houvesse tratamento. Sabemos a frequência com que isso ocorre. No momento em que a população atinge cerca de um milhão de bactérias haverá uma resistente. A população presente em uma cavitação pulmonar da doença é de cerca de 100 milhões de bactérias. Portanto, na cavidade existem cerca de 100 bactérias que não responderão à INH. Caso nosso doente recebesse apenas a INH, em questão de meses essas bactérias resistentes se multiplicariam e a doença retornaria. Para isso, entra também a RMP, que agirá nessas resistentes à INH.

Por outro lado, na população bacteriana da cavidade também existem bactérias resistentes à RMP, porque também ocorrem mutações naturais com resistência à RMP. Nessas, a INH cumprirá o papel de agir. Dessa forma as bactérias que uma das drogas não destruir serão mortas pela outra, e vice-versa. Agora sim, podemos entender como uma doença que apresentava os dias contados, na década de 1980, deu a volta por cima e está tomando conta do planeta de maneira sorrateira. É uma forte candidata à próxima pandemia. Vários cenários contribuem para o avanço da tuberculose, cada qual com sua característica. Vejamos alguns.

CASAS DE DEPÓSITOS

A tristeza nos sanatórios de tuberculose do século xx era pungente. O jornalista e dramaturgo Nelson Rodrigues, tuberculoso, sentiu na pele a internação em Campos do Jordão, em 1934. Seu salário no jornal *O Globo* pagava as despesas da instituição marcada pela rígida rotina de horários para despertar, almoçar, tomar banho de sol e, apesar do frio noturno, deitar com as janelas abertas. Caixões com corpos eram retirados na calada da madrugada para não deprimir aqueles que ficavam. Nelson reclamava da solidão e do abandono.[145] A tuberculose também acompanhou parte da vida do poeta Manuel Bandeira e levou o cantor e compositor Noel Rosa com apenas 26 anos.

EXPLOSÃO DE RESISTÊNCIA NO LESTE EUROPEU

A União Soviética agonizava em 1991. O mundo, perplexo, assistia ao impossível: após dois anos da queda do muro de Berlim, a URSS ruía. Uma a uma, suas repúblicas conquistavam a independência. A reação em cascata fragmentava o mapa da, outrora, potente URSS. Em um único ano surgiam países acoplados à Europa e Ásia. Nascia a Letônia, Estônia, Lituânia, Ucrânia, Bielorrússia, Rússia, Geórgia, Armênia, Azerbaijão, Cazaquistão, Turcomenistão, Quirguistão, Uzbequistão, Moldóvia e Tajiquistão. Além disso, os antigos países do Leste Europeu libertavam-se das amarras que os uniam à extinta URSS. Seus governos começavam a ter vida própria.

O mapa da Eurásia sofre uma reviravolta. Os países recém-independentes passam por instabilidade econômica. Os antigos países europeus comunistas deixam de receber os subsídios da URSS e passam a caminhar pelas próprias pernas. Esses anos de transição são difíceis para as populações. A própria Rússia encontra dificuldades financeiras e econômicas. A inflação reina no novo mapa enquanto a crise financeira abate a população. O desemprego, a miséria e fome conquistam a rotina das antigas nações comunistas e dos recém-estados independentes. Filas nos supermercados são mostradas nas televisões do mundo. A população disputa os escassos alimentos que chegam aos mercados a preços altos. Famílias são obrigadas a migrar para cidades em busca de empregos baratos. Moradias rudimentares abrigam famílias de desempregados. Prostitutas e mendigos começam a desfilar nas ruas enquanto a máfia ganha espaço. Uma corrente de mercadorias clandestinas cruza as novas fronteiras. Prostitutas, cigarros, armas e drogas enriquecem a emergente máfia.[146,147]

Parte da população do Leste Europeu é empurrada para a pobreza e o desemprego. A desnutrição e a fome reinam nas terras do antigo império. Aluguéis caros obrigam a população a se adaptar a novas moradias para enfrentar a crise econômica. Tudo o que a bactéria da tuberculose gosta: pobreza, desnutrição e aglomeração de pessoas debilitadas. O álcool se alia à tuberculose por minar as defesas humanas.[148] Bactérias dormentes nos pulmões veem o cerco se esfacelar. As células de defesa cambaleiam durante a crise dos países da ex-União Soviética e do ex-bloco comunista do Leste Europeu. A doença emerge de sua forma dormente. As bactérias expelidas pela tosse são lançadas contra futuros doentes que tentam sobreviver às condições sociais. As fronteiras, transformadas em colcha de retalhos, permitem a migração maciça da população e, com ela, a tuberculose. Ano a ano crescia o número de tuberculosos na década de 1990.[149] Porém, ainda viria o pior.

Tuberculosos não encontram um sistema de saúde adequado, que também fora atingido pela crise. Muitos doentes recebem a medicação padrão, mas, sem orientação médica adequada, abandonam o tratamento assim que melhoram. Conclusão: aquelas bactérias resistentes que sobraram voltam a se multiplicar. Nesse momento, com a morte das bactérias sensíveis às drogas, começam a predominar apenas as resistentes. Agora, tuberculosos emergem com bactérias resistentes à isoniazida, rifampicina, ou, pior, a ambas. Outros são tratados com apenas uma ou duas drogas, recebendo prescrições inadequadas de profissionais despreparados pelo sistema de saúde em frangalhos. Há falta de remédios em alguns locais, o tratamento é interrompido com frequência e as bactérias restantes e resistentes aproveitam essa chance.

Começa a surgir uma nova tuberculose no Leste Europeu.[150] Bactérias resistentes afetam a população. Pacientes com formas resistentes à INH ou à RMP são tratados pelo esquema padrão. Sem saber, estão sendo tratados com apenas uma droga, pois a outra é ineficaz. Durante o tratamento não há melhora ou, caso ocorra, é seguida de recaída. Após semanas de tratamento os médicos desconfiam de resistência, mas já é tarde. Como o paciente foi tratado com uma droga eficaz, também surgiu resistência a essa. Agora o doente apresenta tuberculose resistente às duas melhores drogas, isoniazida e rifampicina. Países pobres não têm condição de diagnosticar bactérias resistentes antes do início do tratamento porque isso requer exames de laboratório caros. Desconfiam do problema quando os sintomas não melhoram, o que agrava ainda mais a resistência.

Outro foco do surgimento das formas resistentes são as prisões. Os presos não têm tratamento padrão em várias nações. A superlotação os deixam vulneráveis às doenças transmitidas pela tosse. Além disso, o tuberculoso apresenta tosse, febre baixa e emagrecimento de início lento e gradual, o que retarda o diagnóstico. As administrações dos presídios precisam ter boa vontade para valorizar os sintomas dos detentos e os levarem ao médico. Isolar o detento para não contaminar os outros também é luxo. Dessa forma, a tuberculose avança nas penitenciárias russas, inclusive as formas resistentes, e salta do interior dos presídios para a comunidade através das visitas de familiares ou dos trabalhadores infectados.

Começa a circular na Eurásia uma forma bacteriana resistente às medicações, INH e RMP, conhecida como multirresistente às drogas (MRD).[151] Surgem esquemas malucos para combatê-la. Várias drogas são fornecidas aos pacientes, porém nenhuma tão eficaz quanto a INH e RMP. Passou-se a testar combinações de drogas mais fracas como nossos colegas fizeram em meados do século XX. Cinco a seis remédios são fornecidos aos pacientes com as formas MRD. Muitos são caros e difíceis de adquirir, enquanto outros são injetáveis e causam muitos efeitos colaterais. O tratamento é prolongado – mais de um ano e meio. Ser diagnosticado com tuberculose MRD passa a ser um tormento: tratamento extremamente desagradável, longo e sem garantias de cura. Isso está se tornando mais comum com o passar dos anos e, principalmente, nas nações pobres.

A forma MRD domina nos países independentes da antiga URSS.[152] Esses lideram a estatística de casos por essa difícil bactéria. Na cidade de Baku, Azerbaijão, quase um em cada quatro casos de tuberculose diagnosticados é causado pela bactéria MRD.[153] Na Moldóvia, essa proporção é de um caso em cada cinco tuberculosos. Os próximos países com maior proporção da forma resistente são: Ucrânia, Rússia, Uzbequistão, Estônia, Lituânia, Letônia e

Armênia. Apesar de dominar nos fragmentos da antiga URSS, a bactéria MRD eclode também em várias nações da América, África e Ásia. Muitos países não têm estatísticas para apresentar a doença. Essa forma de tuberculose é um problema emergente e se espalha pelo planeta. No mundo todo, em média, cerca de 5% dos doentes tuberculosos apresentam a bactéria MRD. O maior número de doentes com MRD está na Índia, China, Rússia, África do Sul e Bangladesh.

UMA DOENÇA AJUDA A OUTRA

Na primeira metade da década de 1990 era comum uma cena pitoresca pelo interior da China. Camponeses empobrecidos formavam filas diante de centros para doarem sangue que seria transfundido aos doentes nos hospitais e clínicas. Eram doadores que deixavam retirar seu sangue ou plasma à custa de alguns trocados que ajudassem no restrito orçamento familiar. Os postos de coleta caíam bem para aqueles habitantes da área rural com parcos rendimentos. O plasma poderia render US$ 6, e o sangue até US$ 25. O governo incentivava a venda de sangue. O mesmo doador poderia entrar na fila de 15 em 15 dias para doar o plasma, e a cada três meses para o sangue. A pobreza fazia com que alguns dessem nome falso para entrar mais vezes na fila. Não demorou para surgir os traficantes de sangue e seus derivados que pagavam uma miséria aos camponeses e os vendiam, com lucros exorbitantes, às clínicas e hospitais das cidades chinesas.

Os doadores, sem saber, também recebiam o vírus da aids. Uma epidemia da doença ocorreu por esses procedimentos na década de 1990, principalmente nas províncias de Henan e Hubei.[154] Os centros recolhiam sangue dos doadores sem utilizar agulhas esterilizadas ou descartáveis. Muitas vezes utilizavam agulhas usadas de doadores anteriores para a próxima coleta. Os doadores eram puncionados com agulhas impregnadas pelo sangue do paciente anterior. A coleta do plasma era realizada através de máquinas que recebiam o sangue, separavam o plasma e devolviam o sangue para o doador. A contaminação desse maquinário também empurrava o vírus da aids para os vasos sanguíneos da população rural. Até 1995 não era obrigatório, e, portanto, não se realizava sorologia para HIV. Centenas de milhares de bolsas de sangue portadoras do vírus foram compradas nas cidades enquanto outros tantos camponeses doadores foram contaminados. Conclusão: a aids avançava, ainda oculta, pelo solo chinês na década de 1990.[155]

TRANSFUSÕES SANGUÍNEAS MORTÍFERAS

Em 1492, o médico do Papa Inocêncio VIII tentou reanimá-lo do coma com uma transfusão de sangue de três crianças com cerca de 10 anos de idade. Os vasos sanguíneos dos jovens foram drenados diretamente na veia do Papa, há quem acredite que o pontífice ingeriu o sangue infantil. O fato é que a tentativa foi um fracasso: todos morreram, e as crianças sequer aproveitaram o ducado prometido pelo voluntarismo. Uma nova tentativa bizarra de transfusão ocorreu em 1667, em Paris, quando o sangue de um cordeiro foi transferido às veias de um jovem doente.[156]

Além disso, a doença entrava pelas fronteiras do império vermelho. O "triângulo dourado" fornecia drogas à população chinesa da região Sul e Sudeste. Miamar, Laos e Tailândia formavam esse triângulo fornecedor de ópio e heroína à China.[157] O recém-emergente "crescente dourado" também entrava na concorrência das drogas, era formado pelo Irã, Afeganistão e Paquistão. O número de usuários de drogas aumentou durante a década de 1990, e, com eles, agulhas e seringas contaminadas com o vírus da aids. Tudo contribuía para o aumento da incidência da doença.[158] Finalmente, no início do século XXI, o governo chinês admitiu que uma epidemia pela aids, considerada doença do ocidente capitalista, emergia no país.

A Ásia vivenciou uma explosão da aids a partir do ano 2000. A doença tornou-se um problema de saúde pública em várias nações. Drogas injetáveis e sangue contaminado foram protagonistas iniciais na China e em outras nações.[159] A partir de então, entram em cena as relações sexuais sem preservativos e a prostituição.[160] Exemplo disso encontramos na sífilis, que, controlada na década de 1950 com o surgimento da penicilina, retornou a explodir no solo chinês desde a década de 1990 por causa do sexo sem preservativo.[161] A aids avança pelo solo asiático: as nações, uma a uma, começam a reportar o número crescente da doença. China, Camboja, Tailândia, Miamar, Índia, Indonésia, Nepal e Vietnã passam a enfrentar o mesmo inimigo. A doença avança em países asiáticos e entra em rota de colisão com outra enfermidade: a tuberculose. China e Índia apresentam elevadas taxas de tuberculose (inclusive a forma MRD), e, agora, ambas as doenças podem se encontrar. O resultado disso: catástrofe. Por quê?

Um paciente com aids (soropositivo) apresenta defesa debilitada pelo vírus, por isso está sujeito às infecções oportunistas, e a tuberculose é uma das principais. Pacientes soropositivos podem inalar formas MRD e já manifestar a doença que não responderá ao tratamento padrão. Só perceberão a resistência quando passarem meses sem melhora dos sintomas. Além disso, pacientes soropositivos podem transmitir a doença pela forma MRD. Defesa baixa implicará multiplicação das bactérias e sua eliminação em grandes quantidades. Mas o problema da aids não está apenas em adquirir e propagar a tuberculose resistente. Está também em transformar uma bactéria sensível em resistente.

Outras infecções oportunistas no intestino, com sintomas diarreicos, podem ser apresentadas pelo paciente soropositivo. Ao receber o esquema para tuberculose, a INH ou a RMP podem não ser absorvidas, pois a diarreia as leva embora. Assim, funciona como se estivessem recebendo apenas uma droga e, como visto anteriormente, criam bactérias resistentes. Além de tudo isso, as bactérias se multiplicam assiduamente no organismo sem defesa para contê-las, e quanto maior o número de bactérias maior será a chance das mutações da resistência.

Portanto, aids é um dos fatores que levam ao crescimento do número de tuberculosos e, também, das formas resistentes. Nesse caso, entra em cena a África. Estima-se que 33 milhões de pessoas no mundo sejam portadoras do vírus da aids, e dessas, 24 milhões (72%) estão na África. A tuberculose é a principal doença oportunista responsável pela morte dos pacientes soropositivos e cerca de 78% dos pacientes aidéticos com tuberculose vivem na África. Portanto, o continente africano é um fornecedor em potencial de formas resistentes de tuberculose.[162] Basta termos melhores estatísticas das nações pobres do continente para sabermos como anda o problema. Por enquanto, alguns países oferecem dados completos e alertam para o risco da próxima epidemia. Isso veremos a seguir.

O INESPERADO OCORRE EM NOVA YORK

O Brasil caminha com relativa tranquilidade nesse contexto internacional. Poucas centenas de tuberculosos apresentam resistência às drogas mais eficazes. Conseguimos administrar e tratar esses raros casos que emergem dentre as dezenas de milhares de tuberculosos que surgem a cada ano. Porém, se não ficarmos alertas podemos vivenciar uma epidemia sorrateira das formas resistentes, ou, essa pode se iniciar a qualquer momento. Levaremos algum tempo para percebê-la e, ao identificá-la, já terá se alastrado. É isso que países desenvolvidos mostram.

Nos primeiros anos da década de 1990, médicos de Nova York presenciaram um estranho comportamento nos pacientes tratados para tuberculose. Apesar dos remédios habituais, muitos não melhoravam seus sintomas. Retornavam à consulta médica ainda com perda de peso, tosse e febre noturna. A maioria era portadora do vírus HIV.[163] Os americanos demoraram em suspeitar da presença de resistência, naquela época pouco se falava sobre o problema. Escarros foram derramados em caldos de cultura. A bactéria deveria ser testada. Algo estranho ocorria nos doentes de Nova York. A demora em diagnosticar a presença da resistência fez a bactéria saltar de pessoa a pessoa e avançar pela cidade.

Pacientes soropositivos eliminavam formas resistentes que alcançavam pessoas sadias. Pacientes internados nos hospitais passaram a doença para alguns profissionais da saúde que os atenderam. A tuberculose resistente atingia médicos e enfermeiras, alcançava doentes debilitados internados nos mesmos hospitais que acolheram tuberculosos, espalhava-se entre os presídios da cidade, acometia portadores de aids e também pessoas saudáveis. Quando as autoridades descobriram o problema, já era tarde. Estima-se que pouco mais de mil pessoas se infectaram pela forma resistente e mais da metade morreu.

Uma enfermeira infectada voou para o Colorado levando consigo a bactéria resistente. Transmitiu a doença naquele estado. Outro viajante nova-iorquino desembarcou a bactéria na Carolina do Sul, que saltou para membros de sua família, amigos e outros contatos. Uma jovem partiu para Nova Jersey e carregou a tuberculose resistente para familiares. O estado de Ohio recebeu uma passageira doente que transmitiu a doença para amigos e médicos que a atenderam. Nove estados americanos receberam a bactéria resistente emergida em Nova York.[164]

A maioria dos doentes morreu sem saber da presença da forma resistente e sem suspeitar que os remédios que recebiam eram inúteis. Outros foram diagnosticados tardiamente, e a troca da medicação não funcionou no organismo debilitado pela doença avançada. As drogas alternativas do tratamento não eram tão eficazes quanto à isoniazida e rifampicina, além de serem extremamente caras e repletas de efeitos colaterais.

Os Estados Unidos conseguiram rastrear as pessoas que mantiveram contatos com os doentes. Drogas preventivas foram fornecidas àqueles que mostravam teste cutâneo positivo, sinal de que haviam sido infectados havia pouco tempo e ainda não tinham desenvolvido a doença. Por fim, controlaram a epidemia que durou de 1990 a 1993.

Formas resistentes no Brasil precisam ser diagnosticadas com rapidez e precisão, bem como familiares e amigos próximos avaliados e monitorados. O tratamento dessas formas deve ser agressivo, com vários tipos de remédios. Somente assim evitaremos surtos semelhantes. Porém, precisamos estar atentos ao que vem pelas fronteiras.

TRATAMENTO DE CHOQUE

Na Guerra Civil americana, médicos notaram que combatentes feridos no tórax não sentiam falta de ar apesar de um dos pulmões se retrair e não funcionar. Isso, aliado a descoberta do raio-X no final do século XIX, levou à nova terapia para a tuberculose, amplamente utilizada na primeira metade do século XX. Os médicos perfuravam o tórax do paciente, injetavam ar monitorado pelo raio-X e, com isso, retraíam o pulmão na tentativa de ocluir a cavitação da doença e manter o pulmão relaxado.[165]

A GLOBALIZAÇÃO

Um ano após o controle da epidemia nova-iorquina, outro perigo foi revelado pelas fronteiras americanas. Uma turista coreana de 32 anos chegava a Honolulu em abril de 1994, apresentando tosse, emagrecimento e febre noturna. Os sintomas, até então leves, não a impediram de viajar. Eram causados pela proliferação da bactéria da tuberculose em seus pulmões, e, pior, a doença era resistente às principais drogas (MRD). A jovem já havia sido tratada duas vezes (na adolescência e havia dois anos). Provavelmente, o tratamento incompleto ou mal administrado fez retornar a doença com bactérias resistentes.

A jovem embarcou para Chicago e, depois, para Baltimore. Sentada em sua poltrona, enfrentou a viagem com indisposição, mal-estar e tosse. Sua saúde debilitava e ela expelia a bactéria da tuberculose na tosse. O ar da aeronave era circulado pelo sistema de ventilação. Bactérias expelidas eram levadas pelo sistema de filtragem da cabine. O ar era trocado cerca de 6 a 20 vezes por hora. Mesmo assim, não foi o suficiente para evitar que a passageira infectasse membros do voo. Estima-se que cerca de 2% a 4% dos passageiros, posteriormente examinados, foram infectados pela bactéria.[166] Porém, ainda haveria a volta da doente.

A passageira, agora mais debilitada, retornou de Baltimore a Chicago, e dessa última a Honolulu. A última viagem foi mais desgastante. A coreana nitidamente debilitada estava arreada na penúltima fileira da aeronave. A doença progredira e mais bactérias eram lançadas pela tosse. A viagem demorou cerca de oito horas, tempo suficiente para inúmeras bactérias serem arremessadas e voarem para outros passageiros. Dessa vez, foram cerca de 6% dos passageiros avaliados que mostraram indícios de infecção pela tuberculose da passageira. A maioria sentada nas duas fileiras próximas à doente.

As formas resistentes caminham pelo planeta. Emergem nas nações, dispersam entre comunidades urbanas e são exportadas para outros países pelos viajantes doentes.[167] Essas formas resistentes são diagnosticadas tardiamente, o que é favorável à bactéria. O atraso no diagnóstico faz perdermos terreno para a bactéria que se posiciona bem à frente.[168] Batalhões de bactérias resistentes invadem as fronteiras dos países, e isso também é exemplificado com fatos vindos da Inglaterra.

Médicos de um hospital ao norte de Londres reuniram-se para debater estranhos fatos ocorridos no início do ano 2000. Em apenas uma semana foram diagnosticados três pacientes com tuberculose por bactéria resistente à isoniazida. Tal resistência era rara em Londres, ainda mais em três casos de uma só vez. Os médicos pesquisaram os casos atendidos anteriormente no hospital e descobriram que os dois anos anteriores mostraram fatos que não foram devidamente valorizados: em 1998, cerca de 8% das tuberculoses eram resistentes à isoniazida, já em 1999 esse número era de 14%. Os dados mostravam que a resistência se elevara ao norte do Tâmisa.[169] O departamento da saúde revisou todos os casos diagnosticados nos últimos cinco anos e, para surpresa, descobriu uma epidemia silenciosa nas ruas da cidade.

A epidemia londrina iniciou-se em 1995, com o primeiro caso da doença em um jovem nigeriano que viera estudar em Londres. Trouxera a forma resistente da bactéria de seu país de origem. O jovem doente fez amizades na capital inglesa e formou seu vínculo social. Jovens se reuniam em bares e casas noturnas ao norte da cidade. O nigeriano, sem saber, tossia formas resistentes da bactéria entre os amigos. Bebidas alcoólicas, noitadas e farras debilitavam a saúde de seus colegas e preparavam o terreno para receber a bactéria: a tuberculose começou a se manifestar entre os jovens. Muitos eram usuários de drogas. A doença acometia o grupo, e a tosse se tornava frequente entre os jovens. A procura do hospital virou rotina e, um a um, foram recebendo o diagnóstico de tuberculose. Enquanto uns se tratavam e alguns se curavam, a doença emergia em novos colegas. Ninguém suspeitou que era transmitida entre eles. Os médicos que diagnosticaram a tuberculose também não investigaram os contatos sociais de amigos, apenas os familiares. Saldo final: 18 jovens do mesmo convívio social desenvolveram tuberculose por bactéria resistente à isoniazida.

Quatro delinquentes desse grupo acabaram presos por pequenos crimes. Doentes e debilitados, levaram a bactéria para o interior da prisão londrina. A bactéria transpunha os portões do presídio, e no seu interior, encontraria um aglomerado de detentos e se disseminaria nas celas. Agora, presidiários tuberculosos eram atendidos pelos médicos. Formas resistentes da bactéria aumentavam em Londres. Mais de uma dezena de presos desenvolveram a doença. Visitantes e trabalhadores da penitenciária se infectaram, e a casa de detenção passou a expelir bactéria resistente à comunidade londrina.

Um preso liberado carregou a bactéria para fora dos muros da detenção, e a transmitiu entre seus contatos sociais. Disseminava a bactéria à outra pessoa que, doente, a repassava para a próxima. Uma cadeia de transmissão impulsionava a tuberculose adiante. Assim, um único preso solto foi responsável por mais 14 casos da doença em Londres enquanto outros presos transmitiram aos familiares.

As equipes de saúde londrinas descobriram, após as investigações, que desde 1995 reinava a epidemia de tuberculose resistente à isoniazida. Encontraram 70 casos desde o início. A bactéria resistente, sem ser descoberta, invadiu a nação inglesa e estava construindo seu império. Isso não é privilégio da Inglaterra, basta procurarmos invasores pelas fronteiras que a chance de encontrá-los é razoável. Foi o que ocorreu na Espanha, onde cientistas descobriram formas bacterianas da tuberculose resistente que eram comuns na Guiné Equatorial: a bactéria foi trazida por viajantes na última década.[170]

Esses exemplos mostram como podemos estar vivenciando, sem sabermos, uma elevação dos casos resistentes. O perigo pode estar nascendo no interior do nosso território. A doença reina em pessoas debilitadas: portadores de aids, desnutridos, depauperados e alcoólatras. Muitos abandonam o tratamento, o que favorece o surgimento de formas resistentes. Quem pode afirmar que é impossível estar se iniciando essa epidemia em solo brasileiro? Além disso, as fronteiras podem estar trazendo formas resistentes ao Brasil. Quem garante que imigrantes ou turistas não estão trazendo tais bactérias nesse exato momento? O problema será descoberto, provavelmente, após meses ou anos. Enquanto isso, as bactérias resistentes podem estar ganhando terreno.

Como se não bastasse, recentemente, surge outra bactéria no cenário mundial. Uma nova descoberta, e, dessa vez, muito mais preocupante, vem da África. Médicos do mundo todo se alarmaram pelas notícias que chegaram da África do Sul em 2005. Desde a década de 1990, a tuberculose ameaça a população mundial com novas epidemias de difícil controle, e, muitas vezes, intratáveis pelas suas formas resistentes à isoniazida e rifampicina.[171] Porém, uma nova ameaça muito mais letal surge em meados da década seguinte. Tudo começou no sudeste da África do Sul.

CONSTRUINDO UMA EPIDEMIA

Na década de 1840, a ciência acreditava que as epidemias londrinas decorriam da inalação dos miasmas (gases venenosos) que inundavam a atmosfera, decorrentes do lixo entulhado em quintais e dejetos em fossas: limpador de fossa era uma profissão comum. Uma forte campanha pública construiu um eficaz sistema de esgoto londrino com objetivo de eliminar dejetos humanos de toda casa londrina. Cerca de 30 mil fossas foram abandonadas em apenas seis meses, enquanto o crescente volume de esgoto condenava o Tâmisa à morte. Porém, a água ingerida pelos londrinos vinha do rio, e empresas de abastecimento começaram a captar água cada vez mais contaminada com bactérias. Finalmente, em 1848, eclodiu uma das piores epidemias de cólera consequente, em parte, da contaminação do Tâmisa.[172]

A CATÁSTROFE EMINENTE

Quem nasce no continente africano terá sorte se isso ocorrer em alguma das poucas nações privilegiadas. A maioria dos países mais pobres do planeta, segundo a Organização Mundial da Saúde, encontra-se na África. Imagine sua vida, por exemplo, se tivesse nascido em Serra Leoa, país com pouco mais de cinco milhões de habitantes. Imagine agora que tivesse cerca de 50 amigos na infância, entre colegas da vizinhança, da escola infantil e familiares. Prontos para brincadeiras? Em Serra Leoa não. Você testemunharia a morte de pelo menos 13 desses colegas antes de completar 5 anos de idade. Teria uma infância presenciando amigos deitados em caixões, mães chorando ou seus pais lamentando o sofrimento de conhecidos. A mortalidade infantil chega a 27% em Serra Leoa.

Seu grupo inicial de 50 amigos seria reduzido a 37 pessoas que cresceriam juntas e participariam de festas e passeios. Dessas, cerca de 9 se desnutririam no decorrer da infância. A desnutrição acomete 24% das crianças de Serra Leoa. Emagrecidos e, naturalmente, debilitados, não participariam tanto das atividades de sua infância. Apenas 28 saudáveis o acompanhariam aos eventos infantis. Na adolescência, você presenciaria suas amigas, ainda jovens, engravidarem, e uma morreria em decorrência de complicações no trabalho de parto. Agora, os sobreviventes se engajariam nas profissões e constituiriam famílias: sobrou apenas metade daqueles 50 iniciais. Porém, aos 40 anos de idade você já teria participado de muitos velórios de amigos. Veria órfãos e viúvas jovens deixados pelos seus colegas falecidos. A vida seria muito curta, pois a expectativa de vida em Serra Leoa é de apenas 40 anos.

Tudo isso é apenas um exemplo das estatísticas do país. As crianças de lá dificilmente têm acesso a festas, eventos, escolas e convívios sociais. Caso você nascesse na África do Sul, e fosse da província de Kwazulu-Natal, lá encontraria outro problema: um em cada cinco habitantes é portador do vírus da aids. A maior prevalência mundial da doença está nessa região, e foi de lá que veio a pior notícia da tuberculose.

A província acomoda a pequena cidade rural Tugela Ferry, com sua enorme população portadora do vírus da aids.[173] A imunidade debilitada pela doença, como vimos, favorece o surgimento da tuberculose, por isso não é de se estranhar que tenhamos ambas as doenças: portadores de aids com tuberculose. Os médicos se alarmaram com a proporção de casos de bactérias da tuberculose resistentes à isoniazida e rifampicina (MRD). Até então, os pacientes enfrentariam tratamentos tortuosos com os remédios alternativos que, além de caros, causariam efeitos colaterais. Preparavam-se para receber o tratamento por mais de um ano. Porém, veio o pior.

Pouco mais de duzentos casos de tuberculose eram pelas bactérias multirresistentes, mas os médicos descobriram que um quarto era resistente também aos remédios alternativos. Estavam diante de bactérias resistentes a todos os remédios possíveis e disponíveis. Foram 53 casos, e, exceto por um, todos morreram.[174] Surgia uma epidemia causada por uma bactéria contagiosa que, além de se alastrar pela cidade, não tinha opção de tratamento. Em março de 2006, essa bactéria recebeu a denominação de bactéria com resistência expandida às drogas, sigla internacional inglesa de XDR.[175]

A bactéria XDR, transmissível e contagiosa, tornou-se um problema mundial.[176, 177, 178] Já são 58 países que descreveram pelo menos um caso de tuberculose por essa bactéria.[179] Viajantes doentes carregam essa forma bacteriana e podem invadir nossas fronteiras. O último relatório da OMS, de 2010, mostra estatísticas que tendem a se elevar. Em geral, 3,6% de todas as tuberculoses mundiais são causadas por bactérias multirresistentes (MRD), a maioria na China e Índia. Dessas MRD, 5,4% são bactérias com resistência expandida às drogas, a temida XDR.[180]

As estatísticas africanas são incompletas. Inúmeros países empobrecidos não têm condições para diagnosticar as formas resistentes, inclusive a XDR. Assim, não sabemos ao certo a sua real incidência pelo planeta. Viajantes africanos podem estar exportando a temida bactéria XDR para países dos outros continentes. Somente o futuro dirá se estamos vivenciando o início dessa pandemia.

Caso não surjam novas drogas, o que é provável, o futuro poderá testemunhar pessoas temerosas de adquirir tuberculose como aquelas que viveram no início do século XX. A nova bactéria selaria o destino humano: não haveria tratamento. Os doentes voltariam a ser excluídos em clínicas afastadas? Vivenciaríamos a reforma e reinauguração dos antigos sanatórios montanhosos, por enquanto, ainda inativos?

UMA FÁBRICA DE MORTE

No auge do regime Apartheid, uma construção distante 15 km de Pretória abrigou o laboratório de pesquisas comandado pelo médico militar Wouter Basson. Seus experimentos secretos buscavam maneiras de conter o crescimento da população negra indesejável ao regime. Sua ciência visava à descoberta de substâncias químicas que reduzissem a fertilidade para serem introduzidas nos produtos consumidos pelos negros. Além disso, incluía contaminar a cerveja vendida aos negros com bactérias letais e tálio; cigarros com bacilos do antraz; chocolate com cianureto; leite com toxina botulínica; desodorante com veneno de cobra. A maior frustração do doutor Basson, provavelmente, foi não descobrir bactérias e anticoncepcionais que fossem seletivos aos negros.[181]

PANDEMIAS PELAS SUPERBACTÉRIAS

O renomado cirurgião americano William H. Stewart declarou em fins da década de 1960: "é hora de fecharmos o livro das doenças infecciosas e declararmos a guerra ganha". A previsão ocorreu na era de ouro dos antibióticos. Bactérias eram arrasadas com a chegada da penicilina, sulfa, cloranfenicol, cefalosporinas, vancomicina, tetraciclina, eritromicina e outros antibióticos. Um paciente internado, debilitado pela febre, recebia alta hospitalar curado de infecções que, no passado, o condenariam à morte. A ciência, eufórica, abusava das novas drogas milagrosas com futuro promissor. Porém, um detalhe passou despercebido pelos médicos: com exceção das sulfas, todos os antibióticos foram descobertos e não inventados.[182] Inúmeras bactérias e fungos produziam os antibióticos, e o homem apenas os descobriu. Essas substâncias estavam na natureza há milênios e, portanto, havia enorme chance da evolução de bactérias resistentes a elas. Vejamos a história por outro ângulo.

Os microrganismos surgiram há mais de três bilhões de anos e foram os primeiros seres vivos do planeta. Essas formas de vida resistiam ao calor da Terra recém-surgida, à radiação solar despejada no solo e às condições inóspitas de nossa atmosfera primitiva. Adaptavam-se às adversidades adquirindo resistência às condições químicas e físicas agressivas. Naquela época, bactérias já disputavam, entre si, os esparsos nutrientes.

Começava a batalha pela sobrevivência entre os microrganismos, e nesse cenário primitivo de disputas microscópicas, iniciou-se uma estratégia bacteriana: a guerra química. Algumas espécies bacterianas adquiriram genes que comandavam a produção de substâncias, que, eliminadas no meio, destruíam bactérias concorrentes. Eram antibióticos naturais e, logicamente, inócuos às bactérias que os produziam.[183,184] Assim, a evolução selecionava as bacté-rias mais aptas à sobrevivência. Porém, bactérias vulneráveis e fadadas à extinção também adquiriam mutações e contra-atacavam: criavam diferentes maneiras de resistir aos antibióticos naturais eliminados pelas concorrentes. Desde essa época surgiam bactérias resistentes. A evolução microbiana caminhava com o surgimento de novas substâncias antibacterianas e novos genes para resistências. Por que os antibióticos recém-surgidos em pleno século XX durariam para sempre? A história bacteriana mostrava o contrário.

As primeiras formas de vida microscópica evoluiriam e presenciariam as futuras formas de vida complexa. Testemunhariam o nascimento de seres multicelulares. Animais marinhos surgiam e tornavam-se suscetíveis à invasão bacteriana em um mundo inundado por microrganismos. A evolução presenteou os aptos à sobrevivência com genes produtores de novos antibióticos naturais. Hoje, diferentes tipos dessas moléculas antimicrobianas são encontradas em moluscos, crustáceos e peixes.[185,186] Esses animais despejavam antibióticos naturais ao seu redor, e, essa carapaça química os protegia contra bactérias e fungos que se aproximassem. Com o tempo, surgiram bactérias resistentes a essas novas drogas naturais. Já se tornava rotina na história bacteriana o surgimento de resistência para sobrevivência. Por que seríamos nós a vencer esse império microscópico?

Na contínua evolução planetária, a vegetação aquática avançava para os continentes: exércitos de plantas conquistavam o solo. Os troncos ascendiam e se engrossavam cobrindo o planeta de vegetação. Para essa conquista, as plantas precisavam vencer os microrganismos agressores, e também passaram a produzir antibióticos naturais. Mesmo assim, eram colonizadas por microrganismos que adquiriram resistência às suas recém-criadas moléculas antibacterianas e antifúngicas. Novamente surgem formas microscópicas adaptadas ao despejo de novos antibióticos e antifúngicos, dessa vez, vindo de plantas, sementes e frutas.[187] Fomos os últimos a lançar mão dessas drogas e, ingenuamente, achamos que eram insuperáveis.

Os insetos aparecem para povoar os continentes. As moscas sobrevivem às infecções também pela produção de moléculas bactericidas.[188] Larvas de diversos insetos as produzem para se proteger e ultrapassar essa fase vulnerável da vida.[189] Bactérias e fungos ganhavam novas mutações para resistir a essa onda de substâncias antibacterianas e antifúngicas. Os animais complexos aparecem e evoluem produzindo substâncias antibacterianas para se protegerem das infecções naturais. Rãs, porcos, gado, insetos, escorpiões, formigas e abelhas produzem esses antibióticos naturais.[190]

Enquanto as formas de vida complexas surgem e se desenvolvem, no mundo microscópico continua a guerra química entre bactérias, fungos e vírus pela disputa de espaço. Os fungos eliminam substâncias antibacterianas para combater seus grandes concorrentes pela disputa de nutrientes: as bactérias. Muitas formas bacterianas morriam ao se aproximar dos bolores repletos de arsenal químico, porém, a mutação de poucas as tornavam resistentes. Seus genes produziam substâncias que contra-atacavam as moléculas bactericidas dos fungos. O mundo microscópico caminhava em uma corrida armamentista de antibióticos e antídotos.

Surgem os primatas, e, depois, os primeiros hominídeos que evoluem em diversas espécies até o *Homo sapiens*. E, em nós, a história não seria diferente. Nosso corpo está repleto de campos de batalhas onde bactérias se digladiam pelos nutrientes emanados do nosso organismo. Bactérias inofensivas revestem nossa pele e se infiltram nos orifícios: forram a boca, o estômago e o intestino. Esses microrganismos, sem se intimidarem, nos envolvem. Temos dez vezes mais microrganismos do que células. Cada grama de fezes carrega um trilhão de bactérias.

Logo após o nascimento, ocorre uma invasão de bactérias que se espalham pela pele do recém-nascido ainda na maternidade. Carregamos esses inquilinos cutâneos para o resto da vida. As bactérias se reproduzem todo o tempo em nossa pele, nutrindo-se desse terreno fértil de células cutâneas descamadas. Utilizam água, sais minerais e gorduras jorradas dos "poços" da pele. Os poros, as glândulas de suor e os folículos pilosos despejam esses nutrientes para os colonizadores cutâneos. Algumas bactérias preferem áreas secas e expostas ao sol, enquanto outras, umidade e sombra. Algumas produzem moléculas voláteis que causam odor característico do local que habitam: por exemplo, os pés.[191] Da mesma forma, bactérias nas axilas eliminam moléculas ácidas e voláteis responsáveis pelo odor característico da região.[192] Cientistas evolucionistas acreditam que essas bactérias evoluíram com os hominídeos e contribuíram para nossa evolução. O odor repugnante axilar repeliria outros machos que ameaçassem se aproximar do grupo. Seria uma espécie de demarcação territorial pelo macho líder. Isso, provavelmente, numa época em que nosso olfato seria bem mais apurado, e usado com maior intensidade para relações sociais: esse órgão seria muito mais desenvolvido e sensível. Trabalhos científicos mostram que mantemos vestígios sutis dessa comunicação pelo cheiro. Recém-nascidos exalam um odor agradável ao sexo masculino, o que, no passado, os protegeu da agressão e infanticídio pelos machos. Hormônios sexuais atingem terminações nervosas do olfato, que, no passado, auxiliavam a atração sexual.[193]

MERGULHADOS EM BACTÉRIAS E FUNGOS

Nosso corpo é envolto por bactérias e fungos.[194] Para cada célula humana há dez microrganismos. Em cada centímetro quadrado de nossa pele existem cerca de cem mil bactérias. Desconte 1 kg de seu peso porque corresponde aos microrganismos.

Nossas inquilinas microscópicas cutâneas ocupam a área nutritiva e deixam pouco espaço para formas invasoras, não deixam lacunas para a chegada de bactérias agressivas ao homem: protegem-nos. Quem disse que bactérias em nossa pele é algo ruim? Elas produzem e disparam um arsenal químico que mina o campo de batalha e é tóxico às inimigas invasoras. Nossas bactérias aliadas cutâneas englobam gorduras eliminadas na pele e as acidificam.[195] Agora, essas gorduras ácidas são despejadas no terreno e agridem qualquer forma bacteriana invasora que não tolere acidez. De certa maneira, nos protegem de infecções cutâneas. Além disso, nossas próprias células cutâneas produzem moléculas tóxicas aos invasores: mais uma vez, os antibióticos naturais.[196] Constantemente surgem formas bacterianas mutantes que resistem a esses antibióticos de nossa pele. A resistência ocorre bem diante de nós. Por que nossos antibióticos seriam superiores em um mundo repleto de moléculas semelhantes?

Da pele passamos para a boca, onde inúmeras outras espécies de bactérias habitam. Algumas são operárias humanas na produção de antibióticos que nos protegem. Nossas bactérias orais captam nitrato derramado das glândulas salivares, o interiorizam, e reações químicas o transformam em nitrito.[197] Essa linha de produção bacteriana descarrega o nitrito goela abaixo. No estômago, em pH ácido, o nitrito produz substâncias antibacterianas. Nosso estômago é um deserto ácido inóspito às bactérias e, além disso, repleto dessas substâncias que funcionam como minas espalhadas com poder bactericida. Uma bactéria em especial adquiriu capacidade para sobreviver no estômago: a bactéria *Helycobacter pylori*. Sua estratégia consiste em utilizar compostos nitrogenados para produção de amônio, que, englobando a bactéria e, por ter pH básico, neutraliza a acidez gástrica. A invasora permanece envolta nessa cápsula protetora de amônio e vence a acidez. O amônio agride a parede do estômago e, junto com substâncias irritantes produzidas pela bactéria, ocasiona gastrites e úlceras.

Como vemos, nosso corpo é um campo de batalha com produção de inúmeras substâncias antibacterianas, e suas resistências. Porém, nada se compara ao que ocorre no cólon, a porção final do intestino onde bactérias e fungos disputam palmo a palmo seu espaço nutritivo: se espalham pela superfície da mucosa intestinal constituída por vilosidades microscópicas para aumentar a área de absorção dos nutrientes da dieta. Caso esticássemos a mucosa intestinal poderíamos cobrir uma superfície de 300 m^2. Esse é o campo de batalha dos microrganismos que acomodamos. São mais de trezentas espécies diferentes de bactérias[198] que se alimentam de restos celulares descamados da mucosa, de açúcares não absorvidos da dieta, de álcool, de compostos vegetais não digeridos e muco produzido nos intestinos.[199] Nossas bactérias produzem gorduras que acidificam o meio intestinal e auxiliam na absorção de cálcio, magnésio, ferro e vitaminas.[200,201] Muitas dessas inquilinas protegem seu território pela produção de substâncias antibacterianas que atacam bactérias intrusas. Isso também nos protege.[202] Novamente, armas químicas lançadas na natureza forçam o surgimento de bactérias resistentes aos antibióticos naturais. Além disso, nossas células intestinais também produzem antibióticos naturais para combater invasores.[203] Fomos presenteados por genes da evolução que comandam a síntese desses antibióticos naturais e, mais uma vez, surgem bactérias resistentes que conseguem superá-los.

Como vimos, bactérias e fungos evoluem há bilhões de anos. Surgiram em ambientes constantemente inundados de antibióticos naturais que os forçaram a desenvolver resistência. Parece óbvio que seria questão de tempo para nossos antibióticos perderem o efeito. A ciência teria que lançar novos antibióticos para repor os antigos e já inutilizados. Essa corrida armamentista foi a tônica desde meados do século XX. Porém, vivemos um momento crítico em que bactérias multirresistentes ganham terreno e, pelos motivos que veremos adiante, apontam como provável problema de saúde pública em um futuro próximo.

A EXTINTA ERA DOURADA

Muitos conhecem a romântica história da descoberta da penicilina, em 1928, por Alexander Fleming. Uma de suas placas para cultura de bactérias, no seu laboratório londrino, foi contaminada por um fungo. Esquecida por ele na bancada de seu laboratório ao sair de férias, a placa recebeu o bolor invasor.[204] No retorno, Fleming se decepcionou com o descuido: sua placa estava repleta pela proliferação do fungo e inviabilizou sua pesquisa sobre bactérias. Porém, Fleming notou que as bactérias estudadas não cresceram ao redor do bolor, e suspeitou que o fungo produzisse alguma substância antibacteriana que inibisse a aproximação de bactérias. Estava certo. O fungo intrometido era o *Penicillium*, e a substância futuramente identificada seria batizada de penicilina. A ciência descobria o primeiro antibiótico. Porém, lembremos: era um antibiótico natural produzido por um microrganismo.

A descoberta da penicilina, um dos antibióticos mais utilizados pela ciência do século XX, aconteceu em Londres, ao passo que outro antibiótico muito utilizado nos dias atuais foi descoberto na pequena cidade de Cagliari, ao sul da ilha de Sardenha, Itália. Giuseppe Brotzu lecionou na Faculdade de Medicina de Cagliari, além de ser superintendente da Saúde Pública na época da erradicação da malária na Sardenha. Durante a Segunda Guerra Mundial, incentivado pela descoberta de Fleming, Giuseppe buscou novos microrganismos produtores de antibióticos naturais que também pudessem auxiliar a medicina. Para isso, pensou em procurá-los em regiões abundantes de microrganismos que disputassem nutrientes. A descarga do esgoto da cidade de Cagliari era um forte candidato. Giuseppe coletou água do mar das proximidades do desaguadouro do esgoto.[205] As estufas de seu laboratório revelaram abundância de diferentes tipos de fungos nas amostras que cresciam com facilidade porque produziam substâncias antibióticas que aniquilavam bactérias concorrentes. Giuseppe descobrira, em 1945, o fungo *Cephalosporium acremonium*. Novamente reparou que bactérias não cresciam ao redor desse fungo. A história se repetia: alguma substância produzida por ele inativava as bactérias. Giuseppe descobriu uma nova classe de antibiótico: a cefalosporina. De novo, outro antibiótico descoberto pelo homem que é produzido por um microrganismo.

MALÁRIA QUE CURA

O neurologista Wagner-Jauregg notou que os pacientes internados por problemas neurológicos decorrentes da sífilis tinham melhor evolução se chegassem doentes pela malária. Testou sua hipótese aquecendo cultura da bactéria da sífilis e constatando sua morte pelo calor. Assim, a febre elevada da malária poderia destruir bactérias da sífilis. Iniciou-se a indução de malária nos pacientes sifilíticos para tratá-los e, após as febres elevadas, os pacientes recebiam quinino para debelar a malária induzida. Essa prática terapêutica foi abolida com o surgimento da penicilina.

Médicos entusiasmados lançavam mão da penicilina e da cefalosporina para combater infecções da população. Tratavam pneumonias, otites, faringites, amigdalites, infecções de pele, infecções de urina, diarreias e até mesmo a sífilis e gonorreia. Não demoraram a surgir bactérias resistentes à penicilina, era de se esperar, já que esta provinha de fontes naturais. Químicos foram obrigados a alterar as moléculas dessas drogas para produzirem antibiótico natural modificado pela mão humana: as penicilinas semissintéticas. As primeiras cefalosporinas também deixavam de agir em bactérias resistentes, e, novamente, os químicos alteravam suas moléculas para produzirem novos antibióticos. Surgiam, assim, as cefalosporinas de segunda geração, que, perdendo o efeito, forçaram o surgimento das de terceira e quarta geração. A corrida armamentista do mundo microscópico passava, agora, a ser "bactéria *versus* homem".

Penicilinas e cefalosporinas são as classes de antibióticos mais utilizadas pelos médicos atuais. O leitor deve conhecer algumas delas, apenas não associa o nome. Por exemplo, penicilinas incluem a ampicilina, amoxicilina e o famoso benzetacil. Por outro lado, as cefalosporinas são drogas mais eficazes para determinadas bactérias e são mais empregadas em pacientes hospitalizados. Desde o descobrimento dessas drogas o homem aperfeiçoa novas moléculas para superar as resistências. Como agem esses antibióticos? As penicilinas e cefalosporinas reconhecem e aderem às moléculas da parede celular das bactérias. Impregnam e interferem no funcionamento dessa estrutura da arquitetura bacteriana, e, assim, a bactéria tem sua parede celular esburacada com consequente morte. Porém, uma bactéria em poucos milhões apresenta mutações que a tornam resistente. Todas as suas concorrentes serão eliminadas pelo antibiótico, enquanto essa sobrevivente, sem encontrar concorrência, se multiplicará e reinará absoluta naquele paciente. A infecção é debelada, o paciente se recupera, porém, agora está colonizado por bactérias resistentes ao antibiótico que recebeu. A isso chamamos de pressão seletiva, e ocorre com maior frequência nos hospitais, apesar de também estar presente na comunidade.

A indústria química alterou as primeiras moléculas da penicilina para derrubar bactérias resistentes que emergiram pelo seu uso. Os microrganismos, outrora sensíveis à penicilina, adquirem genes que os tornam resistentes. Como? A bactéria, ao se dividir, constrói uma nova parede celular. Um novo gene comanda a fabricação da parede celular com tijolos diferentes que a penicilina não mais reconhece. A droga atinge a bactéria, mas não encontra sua parede celular: tornou-se resistente. Isso foi o que ocorreu com a bactéria conhecida como pneumococo, causadora de pneumonia, otite, sinusite, amigdalite, faringite, laringite e até meningite.[206] Pneumococos resistentes emergiam na garganta de pessoas tratadas com penicilinas pela pressão seletiva. O número dessas formas bacterianas era pequeno, porém tenderia a crescer com o aumento do uso de antibióticos na população. Finalmente, na década de 1980 o problema veio à tona: pneumococos resistentes à penicilina emergiram com maior frequência.

A bactéria circulava nas gargantas da população da Espanha,[207] aparecia em diversas nações que utilizavam penicilinas. Viajantes provenientes da Espanha carregaram-na para a América, África do Sul e Irlanda. A bactéria globalizava-se, além de novas resistências emergirem pelo planeta. Hoje, as infecções respiratórias são tratadas com maior dificuldade. Temos que escolher o antibiótico adequado levando-se em conta a frequência das resistências. Na década de 1980, tratava-se meningite por pneumococo com penicilina. Já as meningites da década de 1990 eram tratadas com cefalosporina, porém, também surgiram pneumococos resistentes a ela. Conclusão: após o ano 2000, passamos a iniciar dois antibióticos para as meningites até o resultado das culturas colhidas do doente.

As bactérias são ótimas estrategistas para resistirem aos antibióticos do homem. Utilizam outros artifícios além do descrito.[208] Bactérias que possuem uma membrana externa necessitam receber nutrientes, sais e íons. Para isso, possuem diferentes tipos de túneis em sua membrana externa que comunicam o meio exterior com a bactéria. A membrana externa é repleta de túneis com tamanhos variáveis, uns deixam passar gorduras, outros água, uns recebem moléculas maiores, e assim por diante. Os antibióticos se aproveitam dessas passagens para entrar nessas bactérias. As resistentes, então, adquirem mutações que deixam de produzir aqueles túneis utilizados pelas moléculas. As muralhas bacterianas se tornam intransponíveis. Outra estratégia consiste em produzir bombas químicas para expulsar o antibiótico que consegue penetrar no interior bacteriano. Assim, as moléculas antibacterianas entram na célula bacteriana, mas não atingem concentração para agir, porque foram construídas bombas químicas que as capturam e expulsam. Apesar disso, uma das melhores estratégias é a descrita a seguir.

As cefalosporinas também foram contra-atacadas pelas bactérias. As formas resistentes utilizaram outra estratégia além de alterarem sua parede celular. Bactérias mutantes passaram a apresentar genes que comandavam a produção de moléculas chamadas B-lactamases. O que são? As penicilinas e cefalosporinas apresentam uma estrutura molecular formada por um anel de átomos de carbono conhecida como "anel B-lactâmico". Daí esses antibióticos serem "antibióticos B-lactâmicos". Pois bem, as bactérias resistentes produzem molécula B-lactamase, que, despejada no meio exterior, reconhece o anel B-lactâmico do antibiótico e o rompe. O antibiótico é destruído por essas moléculas antes de chegar à bactéria. Esse arsenal bacteriano é extremamente potente: uma única molécula da B-lactamase pode destruir até mil moléculas do antibiótico por cada segundo.[209] As cefalosporinas foram perdendo seu efeito com o aumento de bactérias produtoras de diferentes tipos de B-lactamases. A indústria farmacêutica respondia, alterava as moléculas dos antibióticos antigos e lançava cefalosporinas de segunda, terceira e quarta geração. Na mesma velocidade, as bactérias passavam a produzir B-lactamases mais potentes contra essas novas gerações.

A ciência tenta combater essas moléculas também de maneira estratégica. Vamos utilizar como exemplo o antibiótico chamado Clavulin®, usado comumente em infecção de garganta ou ouvido. A lógica é simples.

A amoxicilina tornava-se ineficaz porque bactérias produziam B-lactamases que destruíam seu anel. Os químicos formularam, então, a molécula de clavulanato para se ligar às B-lactamases bacterianas antes dessas atingirem os antibióticos. Assim, o Clavulin® é uma mistura de amoxicilina com clavulanato. Esse último agarra as enzimas bacterianas que destruiriam a amoxicilina, que, livre, parte em direção à bactéria. Como um jogo de futebol americano em que os jogadores seguram o inimigo para o lançador trabalhar em sossego. Estratégico, não? Porém, nos hospitais o problema é muito mais sério.

Um exército bacteriano resistente começa a crescer na humanidade. Principalmente nos hospitais, onde se empregam antibióticos em abundância. Bactérias resistentes se alastram entre os pacientes internados. Para isso, partem do doente contaminado para outros enfermos debilitados. Como? Agarram-se nas mãos de médicos, enfermeiras e fisioterapeutas. Aderem-se também à superfície de prontuários, estetoscópios, aparelhos de pressão, canetas, pranchetas, maçanetas de porta, torneiras de pia, balcões, cadeiras, teclados de computador e mesas. Um tráfego microscópico de bactérias circula nos hospitais, daí a obrigação da lavagem das mãos antes e depois do contato com doentes. As infecções hospitalares por bactérias resistentes são cada vez mais difíceis de tratar.

Bactérias resistentes ganham terreno nos hospitais e na comunidade. Por enquanto, o maior problema está nos hospitais. A explicação é lógica. Junte vários doentes debilitados, portanto, suscetíveis às infecções. Naqueles graves, introduza materiais que favorecem infecções: cateter em veias profundas, cânulas conectadas em respiradores, sondas urinárias, drenos em feridas cirúrgicas, cateter para diálise, sondas para dieta etc. Aqueles submetidos às cirurgias terão, além disso, cortes, suturas, drenos, etc. Agora, coloque todos em um edifício repleto de bactérias acostumadas aos antibióticos. Afinal de contas, hospital é sinônimo de pacientes infectados usando antibióticos.

Há poucos anos, infecções hospitalares eram tratadas com antibióticos modernos e potentes. Porém, essa história está mudando. A dificuldade para encontrar antibióticos mais potentes que os já conhecidos é cada vez maior, enquanto os modernos estão cada vez mais raros. Corre-se o risco de encontrar bactérias resistentes a todos os antibióticos. Isso está a um passo de ocorrer. Vejamos essa epidemia silenciosa e desconhecida.

ÓPIO NAS CRIANÇAS

No século XIX, o ópio importado da Índia para fins medicinais e recreativos foi plantado por nativos de regiões pantanosas a leste da Inglaterra para outra finalidade. Acreditava-se no poder do ópio para a cura da malária da região e o adicionavam na cerveja, enquanto crianças recebiam o chá feito da cabeça da papoula. Na região, o ópio era distribuído em garrafas e pílulas.

NOSSO FRACASSO IMINENTE

Na década de 1980, a indústria farmacêutica acelerava as pesquisas químicas para aprimorar as moléculas de antibióticos. Acrescentavam radicais químicos aos antigos antimicrobianos e conseguiam melhorar seu poder de fogo para formas resistentes. Mesmo assim, bactérias adquiriam genes produtores de novas B-lactamases que destruíam o restrito arsenal terapêutico. Além disso, as bactérias se aliavam e uniam forças para nos combater. A produção das B-lactamases é comandada por genes que orientavam sua síntese. Esses genes, com frequência, se situam em pedaços circulares de DNA solto no interior bacteriano, conhecidos como plasmídeos. Esses contêm a receita para destruir nossos antibióticos. Diferentes exércitos bacterianos trocam as receitas da resistência permutando os pedaços de DNA.[210] Cada espécie ensina a outra como nos combater. Como? As bactérias se encostam, e terminações químicas abrem comportas nas suas paredes. O plasmídeo deixa a bactéria resistente e adentra na célula bacteriana receptora. A anterior perde sua receita de resistência? Não, uma cópia do plasmídeo permanece na bactéria fornecedora, como se as bactérias fizessem cópias da receita e distribuíssem entre si.

Diferentes tipos de plasmídeos entram nas bactérias em momentos distintos. Cada novo gene de resistência se acopla ao plasmídeo bacteriano. Dessa forma, os genes de resistência se somam em um único pedaço de DNA. As bactérias possuem livros completos com a receita da resistência em cada página para os diferentes tipos de antibióticos. Esse livro foi crescendo nas últimas décadas. Surgiram bactérias resistentes a diferentes classes de antibióticos. Na década de 1980, apareceram, na Alemanha, bactérias que adquiriram B-lactamases de espectro ampliado. Isso significa que suas enzimas destruíam vários antibióticos de uma só vez. As opções de tratamento acabaram. Por sorte, surgiu uma nova classe de antibióticos, conhecida como carbapenem, que passou a ser administrada para essas formas super-resistentes: era a única opção de tratamento. A má notícia é que essas bactérias doaram seus plasmídeos para outras bactérias, e um batalhão resistente, desde então, cresceu pelo planeta.[211] E o pior, é que a classe de carbapenem foi descoberta de fonte natural. Novamente, o microrganismo *Streptomyces* a produzia em sua guerra química microscópica.[212] Seria, portanto, questão de tempo o surgimento de resistência enquanto a década de 1990 avançava sem que surgissem novos antibióticos potentes para essas formas super-resistentes. Estávamos reféns apenas do carbapenem.

Durante a década de 1990, novos plasmídeos se disseminaram nas bactérias hospitalares e fornecem novas B-lactamases que passam a destruir a classe carbapenem.[213] Perdemos todas as classes de antibióticos para bactérias super-resistentes que também se espalham pelos hospitais brasileiros. Raros antibióticos surgem, mas perdem seu poder inicial para novas formas resistentes. Hoje, infecções hospitalares por determinadas bactérias, inclusive a KPC, amplamente divulgada nos noticiários brasileiros em 2010, são tratadas por um único tipo de antibiótico, a polimixina. Trata-se de um antibiótico novo? Não, muito pelo contrário. A polimixina foi descoberta na década de 1960, mas seu uso foi logo abandonado por causa dos efeitos colaterais: atacava os rins e causava distúrbios sanguíneos. Naquela era de ouro dos antibióticos, podíamos nos dar ao luxo de abandonar a nova classe da polimixina porque surgiam novas drogas seguras a todo o momento, que a suplantaram. Hoje, os tempos são outros. Na falta de novas opções, em uma era de decadência dos antibióticos, foi preciso resgatar a antiga polimixina,[214] que, por nunca ter sido usada em larga escala, ainda apresenta poder contra essas bactérias super-resistentes. Estamos, agora, reféns apenas da polimixina para certas bactérias. Caso surja resistência também a ela, estaremos diante de infecções semelhantes às do século XIX: sem possibilidade de cura.

Os hospitais do estado de São Paulo estão repletos dessas bactérias sensíveis apenas à polimixina. Habitam UTIs da capital e das cidades do interior. O Centro de Vigilância Epidemiológica do Estado de São Paulo monitora essas bactérias hospitalares que avançam em pacientes debilitados. Cataloga bactérias encontradas no sangue dos doentes infectados em UTIs e avalia a eficácia dos antibióticos. Os dados impressionam e assustam. Pouco mais da metade das bactérias do gênero *Klebsiella* produzem B-lactamases de espectro ampliado, a maioria depende do carbapenem para ser tratada. Cerca de um terço da bactéria *Escherichia coli* também produz essas enzimas. A conclusão é que estamos reféns do carbapenem, e guardamos na manga a polimixina. Porém, a situação é pior com outras bactérias. Um terço das bactérias do gênero *Pseudomonas* é resistente ao carbapenem, e apenas a polimixina age nessas bactérias. E o pior, metade da bactéria *Acinetobacter* também é resistente ao carbapenem.[215] Caso surja resistência à polimixina, retornaremos à época pré-antibiótico.

UM ATAQUE COM ARMA BIOLÓGICA NOS ESTADOS UNIDOS

Entre 1951 e 1954, o exército americano dispersou secretamente bactérias *Serratia marcescens* no ar das regiões de Nova York e São Francisco para avaliar sua disseminação pelas ruas e no metrô. O estudo dimensionaria a vulnerabilidade americana diante de um ataque inimigo com armas biológicas. A bactéria, creditada como inócua ao homem, mostrou-se agressiva ao ocasionar epidemia de infecção urinária diagnosticada nos hospitais das cidades. Os médicos da época não definiram a causa daquelas estranhas infecções enquanto os responsáveis pelo estudo mantinham o segredo da ação militar.[216]

UMA NOVA AMEAÇA DA ÍNDIA AO MUNDO

No início de 2008, uma descoberta alertou as autoridades médicas: um novo perigo emergia na Europa proveniente da Índia. Seria o início de um futuro problema mundial. Na época, médicos da Suécia analisaram as culturas colhidas de um paciente de 59 anos, diabético e limitado por AVC (acidente vascular cerebral, o conhecido "derrame cerebral"), que viajara à Índia em dezembro de 2007, quando foi internado para tratamento de feridas na região glútea. Após a alta hospitalar, e retorno ao solo sueco, não sabia que trazia em seu corpo duas novas bactérias que o usaram para saltar ao novo continente. Agora, médicos suecos tentavam entender como as culturas mostravam bactérias resistentes a vários antibióticos ao mesmo tempo.

As culturas mostravam duas bactérias – *Escherichia coli* e *Klebsiella* –, resistentes aos carbapenens, cuja classe é a última possível para tratamento de formas resistentes antes de partirmos para a última opção: a polimixina. O estudo das bactérias recém-chegadas ao território sueco mostrou que portavam um gene produtor de substância eficaz na destruição desses antibióticos, e pior, poderia ser fornecido a outras bactérias. Essa enzima que destruía os antibióticos potentes foi batizada com as iniciais da cidade indiana de origem, Nova Deli, e é conhecida como NDM-1.[217]

O novo gene de resistência circulava em bactérias da Índia, transpondo as fronteiras para acometer pessoas em Bangladesh e Paquistão. Além disso, esse gene é transferido de uma bactéria a outra através do plasmídeo descrito anteriormente – pedaços de DNA soltos no interior da bactéria são copiados e enviados a outra espécie de bactéria, e, assim, a receita da resistência se dissemina entre elas. O mais grave é que pacientes indianos com infecção urinária ou pulmonar emergem não apenas em hospitais, mas também na comunidade: essas bactérias não são exclusivas dos hospitais. Como se tudo isso não bastasse, seu surgimento ocorre no auge de nossa globalização, e bactérias portadoras dessa resistência adentrariam nos aviões do sul asiático. Nova parada: Inglaterra. No ano de 2008, médicos descobrem sua presença no solo inglês. As equipes de saúde precisavam, agora, monitorar sua frequência entre doentes dos hospitais e da comunidade.

Em 2009, bactérias resistentes eclodem pelo solo inglês e escocês. Os laboratórios trabalham incessantemente na busca da NDM-1 invasora britânica. Recolhem diversas espécies de bactérias resistentes ao poderoso carbapenem. Destrincham os fragmentos do DNA bacteriano em busca do gene indiano, e, para sua infelicidade, descobrem que mais de um terço das bactérias resistentes contêm a NDM-1:[218] essa nova arma de resistência invade a Europa e é distribuída entre as bactérias através dos plasmídeos. Seria questão de tempo para surgir casos em outros países continentais da Europa. Enquanto isso, genes indianos almejavam algo maior: transpor o Pacífico e Atlântico.

No primeiro semestre de 2010, foi a vez dos Estados Unidos descreverem a invasão bacteriana em seu território. Foram três pacientes infectados que forneceram líquidos e secreções aos laboratórios que descobriram bactérias portadoras do NDM-1,[219] todos com viagens recentes à Índia. Porém, não sabemos se a resistência já circula nos hospitais americanos. Em 2010 a bactéria foi descoberta também no Canadá e em outros países europeus e asiáticos. A descoberta do NDM-1 é recente e, portanto, esperam-se novas nações acometidas com o avançar das buscas feitas pelos laboratórios. No Brasil, estamos no aguardo.

EM PARTE, CULPA NOSSA

Uma das principais razões de estarmos nessa era decadente dos antibióticos é a falta de pesquisas para a descoberta de novas drogas. O motivo? Não há lucro para a indústria farmacêutica. Imagine o gerente financeiro de uma dessas indústrias fazendo as contas. Aprovaria o gasto de 400 a 800 milhões de dólares para desenvolver um novo antibiótico. Após isso, ansioso pelo retorno dos lucros, informariam que a nova droga seria usada apenas por cerca de 14 dias em cada paciente. Além disso, esses doentes seriam raros e estariam nos hospitais. Nosso gerente voltaria os projetos de pesquisa para novas drogas que fossem utilizadas pelo resto da vida em cada paciente. O lucro seria bem mais compensador. Por isso, é muito mais lucrativo desenvolver drogas para tratamento de diabetes, hipertensão, depressão, colesterol elevado etc. Desde a década de 1980, o número de antibióticos lançados no mercado e aprovados pelo FDA (Food and Drug Administration, agência americana responsável pela aprovação de novos medicamentos) tem caído. Se dividíssemos os últimos 25 anos em períodos de 5 anos, o número de antibióticos aprovados cronologicamente teria esta ordem: 16, 14, 10, 7 e 5.[220,221] A curva decrescente pode chegar a zero? Quem sabe?

O melhor exemplo disso está nas novas drogas para o tratamento dos portadores de HIV. Os medicamentos lançados são candidatos a serem tomados pelo paciente pelo resto da vida, portanto, algo bem mais lucrativo. As indústrias farmacêuticas investem em drogas para aids em vez de antibióticos com curto período de uso. Nos últimos vinte anos foram lançados 22 antibióticos para diversas espécies de bactérias, enquanto para um único vírus da aids esse número chegou a 20 drogas antivirais. Além disso, muitos desses novos antibióticos não foram desenvolvidos especificamente para as formas bacterianas super-resistentes, mas sim para infecções leves e menos graves.

Outros tipos de bactérias também ganharam espaço dentro dos hospitais nas últimas décadas. Dentre esses, o estafilococo é um dos piores inimigos da medicina. A penicilina combatia essa bactéria, porém, após um ano de sua descoberta, já apareciam estafilococos resistentes. Médicos da década de 1940 testemunhavam a perda da eficácia da droga debutante. A ciência não teve outra opção, modificou a molécula para produzir penicilina semissintética na década de 1960: nascia a meticilina. Novamente, demorou cerca de um ano para os estafilococos contra-atacarem com bactérias resistentes. Surge o estafilococo resistente a meticilina (MRSA), e também a inúmeras outras drogas, exceto uma: a vancomicina. Na década de 1970, esse MRSA espalhou-se pelos hospitais mundiais. Nos anos seguintes, sua frequência se elevou nos pacientes que adquiriam infecções hospitalares. No início de década de 1990, o MRSA reinava pelos hospitais mundiais, e apenas a vancomicina, guardada a sete chaves, combatia essa bactéria. Estávamos reféns da vancomicina, porém, o futuro não era promissor: esse antibiótico também foi descoberto em microrganismos da natureza. Seria questão de tempo para surgirem bactérias resistentes.

Em 1996, a temida notícia veio do Japão. Surgia os primeiros casos de MRSA parcialmente resistentes à vancomicina. O antibiótico deixava de agir plenamente na bactéria. Os exames laboratoriais mostravam que a vancomicina precisava de maior concentração para liquidar a bactéria. Em anos, surgiram esses estafilococos parcialmente resistentes nos Estados Unidos e na Europa. No final da década de 1990, já estavam presentes em todos os continentes, inclusive nos hospitais brasileiros. Porém, a pior notícia veio no estado de Michigan, EUA, em 2002. Um paciente de 40 anos foi tratado com vários tipos diferentes de antibióticos para repetidas infecções que acometeram seu organismo debilitado pelo diabetes e por insuficiência renal. O laboratório americano recebeu culturas desse paciente e relatou o primeiro estafilococo resistente à vancomicina.[222] Novamente, a bactéria mudara os tipos de tijolos que constituíam sua parede celular e o antibiótico deixara de reconhecê-los. Será questão de tempo para a bactéria começar a pipocar pelos países. Nessa época, a indústria farmacêutica começava a se mexer. Em 2000 e 2003 lançou dois novos antibióticos direcionados ao MRSA, porém, um deles foi resultado da produção de bactérias naturais, portanto, a resistência era questão de tempo.[223,224] O outro era sintético, mas também já mostrou falência em determinados estafilococos.[225] A velocidade com que aparecem resistências é maior do que o surgimento de novos antibióticos. Hoje, no Brasil, já empregamos esses dois últimos antibióticos desenvolvidos para formas de MRSA resistentes a vancomicina. Estamos apenas poucos centímetros a frente da bactéria, que logo nos ultrapassará novamente. Somos reféns não das bactérias, mas sim das pesquisas das indústrias farmacêuticas.

GLOBALIZAÇÃO DA BACTÉRIA PRODUTORA DA NDM

Pessoas infectadas em hospitais da Índia exportaram a bactéria para quatro continentes.

AVANÇO DA BACTÉRIA PRODUTORA DE KPC PELOS PAÍSES

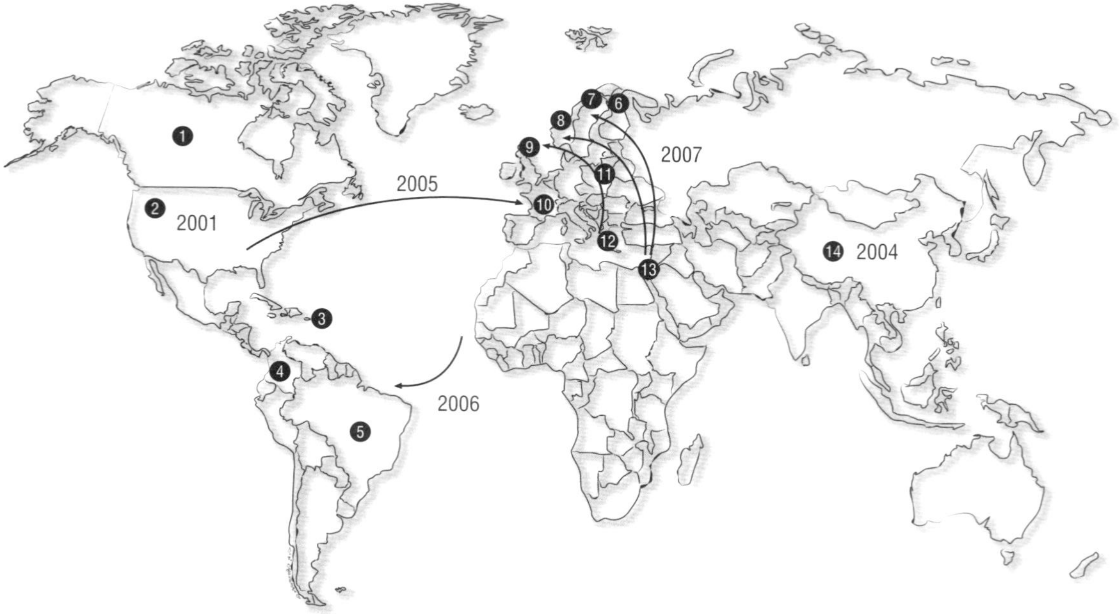

1 Canadá
2 EUA
3 Porto Rico
4 Colômbia
5 Brasil
6 Finlândia
7 Suécia
8 Noruega
9 Inglaterra
10 França
11 Polônia
12 Grécia
13 Israel
14 China

Países que relataram casos da bactéria produtora de KPC com o ano de sua descoberta e as rotas de disseminação entre as nações.

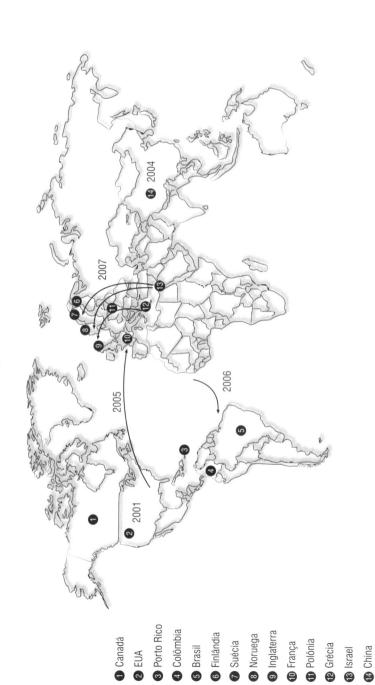

UMA PANDEMIA PELAS MÃOS

Descobrimos a radioatividade no final do século XIX. Os trabalhos de Marie Curie revelaram o polônio e rádio escondidos nas rochas do planeta. Nascia, no começo do século XX, a ciência da radioatividade. No início, os cientistas desconfiaram das agressões da radiação por causa das queimaduras cutâneas originadas após manipularem os elementos radioativos. Outros ainda sofreriam seus efeitos somente no futuro: Marie Curie morreria de leucemia.

Trabalhar com elementos radioativos era arriscado. Porém, nada se comparou ao árduo trabalho de jovens americanas que ficariam conhecidas como as "garotas do rádio". Durante a Primeira Guerra Mundial, soldados americanos do *front* de batalha europeu desfrutavam da nova descoberta: relógios e instrumentos emitiam um brilho facilmente visualizado na escuridão das trincheiras. Relógios de pulso sinalizavam o horário e organizavam os movimentos das tropas. Como reluziam no escuro? Os mostradores eram pintados com tinta acrescida do elemento rádio, e sua radioatividade iluminava os instrumentos.[226] Mesmo depois da guerra, a fabricação desses mostradores continuou nos Estados Unidos; a novidade agradava os usuários de relógios de pulso ou mesmo dos domicílios.

Fábricas americanas contratavam jovens para pintar com a tinta inovadora. As moças molhavam os pincéis nos lábios e os mergulhavam na tintura radioativa. Pincelavam cerca de 250 mostradores por dia.[227] Dezenas de vezes traziam cerdas com rádio aos lábios, e, sentadas nos balcões das fábricas, eram bombardeadas com radioatividade, sem saberem dos riscos que viriam no futuro próximo. Os raios esfarelavam os ossos da face das jovens, e seus dentes, amolecidos, caíam. Conviveram com uma destruição óssea que favoreceu repetidas infecções. As células dos tecidos próximos à face recebiam radiação danosa ao DNA, que, pelas mutações, originaram tumores incuráveis. O câncer ósseo também atacou essas infelizes nas décadas de 1920 e 1930. A medula óssea danificada pela radiação parou de produzir as células do sangue, e surgiram anemias que debilitaram as "garotas do rádio".

UM MUNDO TÓXICO

A ciência desconhecia os malefícios de inúmeras substâncias no início do século XX. Vendiam-se, assim, bebidas com rádio para rejuvenescer, energizar, dar vida e brilho aos consumidores. Além disso, acrescentava-se o rádio em sabonetes, loções, cremes e pós faciais, na água e no chocolate.[228] Inseticidas continham cianeto, tálio e arsênico. Tintas eram formuladas com arsênico e chumbo, este último adicionado à gasolina era eliminado na atmosfera pelos escapamentos dos automóveis. Cremes com tálio eliminavam pelos indesejáveis das mulheres. Medicamentos à base de arsênico e mercúrio eram vendidos para infecções e constipação.[229]

O Brasil não ficaria isento de acidentes radioativos. Em setembro de 1987, dois catadores de ferro-velho perambulavam pelos destroços de uma antiga construção: as ruínas do abandonado Instituto Goiano de Radiologia, no centro da cidade de Goiânia. O prédio foi desativado e suas instalações removidas, porém, inadvertidamente, ficou no local uma pequena cápsula. Os catadores garimparam aquele pequeno e intrigante artefato revestido com chumbo.

De volta ao ferro-velho, colocaram o material coletado em cima de uma mesa. Curiosos, manusearam a cápsula do tamanho de uma pilha média e com cerca de 30 gramas.[230] Sua dureza vinha do revestimento de chumbo, que protegia o perigo oculto no interior. O mistério aguçou a dupla de goianos que lançou mão de uma marreta para rachar o invólucro. O lacre de chumbo quebrado liberou o pó de seu interior.

A substância esfarelada – um pó azul brilhante – cintilou no ferro velho goiano. Eles libertaram um elemento químico cujo nome significa "céu azul", em latim, *caesius*, mais conhecido como césio-137. A população goiana de um milhão de habitantes enfrentaria o maior acidente radioativo da história brasileira.

O pó azul cintilante encantou amigos e familiares, que logo se apossaram de pequenas porções. Passaram de mão em mão o material emissor de radiação beta. A contaminação e os efeitos radioativos não demoraram em aparecer. O pó ingerido levou uma criança à morte. Aderido na pele, ornamentou adolescentes com colares e pulseiras brilhantes à noite. O resultado: náuseas, vômitos, diarreia, tonturas e mortes.

A radiação matou as "garotas do rádio" por desconhecimento dos seus riscos, enquanto no Brasil as mortes foram pela negligência e imprudência. Porém, ainda teríamos seu uso como arma de envenenamento.

Em 1º de novembro de 2006, Alexander Livinenko se reuniu com dois russos no restaurante de um hotel londrino para recolher informações que fornecessem indícios da ligação do presidente russo Vladimir Putin com a morte de uma jornalista detratora do seu governo. Livinenko, ex-agente da antiga KGB e ferrenho crítico do governo Putin, fugira da Rússia. A Inglaterra lhe concedera asilo político, mas não proteção suficiente para evitar que fosse envenenado com polônio radioativo naquela tarde de novembro.

Em algum momento, Livinenko ingeriu polônio, talvez derramado, disfarçadamente, no bule de chá.[231] O governo russo negaria qualquer participação no caso. O envenenamento pode ter ocorrido em outro encontro, daquele mesmo dia, com um italiano que tinha contatos de espionagem. O polônio deixou o bolso do assassino e se dissolveu em alguma bebida oferecida a Livinenko. O culpado ainda permanece sob mistério. Livinenko sofreu os danos da radiação pelo polônio que circulou em seu sangue liberando raios alfa. Debilitado e doente, foi internado em Londres, onde só piorou: emagreceu, evoluiu com anemia, queda de cabelo, e, em três semanas, morreu.

A radiação é terrível para nossas células, como vimos nesses exemplos causados por desconhecimento, negligência, imprudência ou envenenamento. Qualquer pessoa poderia imaginar o mesmo dano para células bacterianas, porém, aqui cabem outros exemplos de quão adaptados esses microrganismos podem se tornar. Muitas bactérias adaptadas sobrevivem no meio de radiações deletérias a nós. Isso mesmo, algumas bactérias se reproduzem e convivem com a radiação sem nada sentir. Enquanto nosso DNA, bombardeado pela radiação, se fragmenta de maneira irreversível, o das bactérias resistentes é reconstruído. Elas contêm um mecanismo enzimático que repara os danos sofridos pelo DNA. Enzimas estão em constante atividade corrigindo as mutações e religando os pedaços de DNA esfarelados pela radiação, e, em alguns casos, essa reforma ocorre em menos de três horas após doses radioativas. São bactérias que resistem até mesmo em doses letais a qualquer outra espécie de ser vivo.

Mais impressionante são aquelas que enfrentam e resistem ao calor extremo. As células de nossa pele são aniquiladas em temperaturas elevadas. Mergulhar a mão em água fervente é impensável, o calor destrói as células, desintegra as proteínas, e rompe nossos tecidos. Aqui, também encontramos bactérias que não se incomodam com o calor. Muitas são aparelhadas com enzimas e proteínas que as tornam resistentes a altas temperaturas. Foram descobertas na periferia de orifícios do fundo do oceano que cospem magma, portanto, em calor infernal. Essas bactérias adaptadas crescem em temperaturas superiores a100º C.

A vida microscópica não pode ser menosprezada. Adaptações e mutações tornam bactérias resistentes aos nossos fracos antibióticos, à dose radioativa letal para o ser humano, às temperaturas elevadas que destroem qualquer outra célula viva, e a outras tantas intempéries. Dentre tantas bactérias poderosas, podemos destacar uma que ganha terreno pelo planeta. Essa bactéria, recém-emergida e descoberta nos últimos anos, se tornou uma ameaça humana por resistir a antibióticos e causar infecções graves. Já vivemos uma pandemia por essa bactéria que se espalha pelas nações dos cinco continentes de maneira camuflada. Talvez se torne um problema grave, e logo será conhecida pela população.

O INQUILINO EM NOSSA PELE

A bactéria *Staphylococcus aureus*, conhecida resumidamente como estafilococo, habita nosso revestimento da pele e mucosas. Na maioria das vezes, apenas coloniza sem causar doença. Lógico que, se nossa defesa fraquejar, a bactéria encontrará brechas cutâneas pelas quais invadirá. Por isso, recomenda-se o cuidado de lavar e proteger arranhões, esfolamentos, cortes e machucados. O estafilococo nos espreita na pele aguardando o momento certo de nos infectar, enquanto se reproduz de maneira discreta e imperceptível nas axilas, virilhas, nádegas, coxas, mãos e, principalmente, na mucosa nasal. Além disso, não se contenta em permanecer estático, salta de pessoa a pessoa.

Uma em cada cinco pessoas tem o estafilococo no nariz. Esse portador, mas não doente, transfere a bactéria para suas mãos ao coçar o nariz, e delas transporta o estafilococo para diferentes regiões da pele, principalmente axilas e virilha. A bactéria salta de região para região do indivíduo colonizado, que ainda pode repassá-la a outra pessoa durante um aperto de mão, abraço ou contato físico. É dessa forma que 20% da população têm a bactéria pelo corpo, e 30% vão adquiri-la em algum momento da vida.[232]

Para se proliferar, a bactéria se aproveita das diversas substâncias eliminadas em nossa pele, que funcionam como nutrientes para o estafilococo. Algumas conseguem alcançar as profundezas cutâneas e causar infecções: são os furúnculos comuns nas axilas, nádegas e coxas. Também podem se proliferar nas camadas cutâneas e causar erisipelas ou celulites infecciosas.

CURA PELAS BACTÉRIAS

A "hipótese da higiene" surgiu no final dos anos 1990 com a alegação de que crianças dos meios rurais desenvolvem um sistema imunológico equilibrado por crescerem em contato constante com fragmentos de bactérias e fungos da natureza. Por outro lado, as das cidades, na ausência desses microrganismos, desviam a atividade imunológica para as alergias. A hipótese tenta explicar parte do motivo do aumento das alergias em crianças urbanas, e trabalhos científicos vêm comprovando essa tese: mais uma desvantagem da urbanização.[233]

O estafilococo acompanha o homem há milênios, e está na população dos diferentes continentes. Porém, os cientistas descobriram um novo tipo de estafilococo na década de 1990, que desde então se alastra. Estamos vivenciando uma pandemia por essa nova forma de estafilococo. A população ainda desconhece sua existência, porém o número de doentes se eleva pelas nações. Esse estafilococo está se disseminando de pessoa a pessoa e conquistando cidades, nações e continentes. Em breve, com o aumento dos casos, a mídia divulgará essa pandemia já em andamento apesar de ainda desconhecida. Tudo começou no início dos anos 2000.

Em 2002, dois jovens americanos foram internados com infecção de pele. Ambos, jogadores de um time de futebol americano, estavam infectados por um novo tipo de estafilococo, que seria conhecido como *Staphylococcus aureus*, adquirido na comunidade e resistente à meticilina (sigla americana e internacional: CA-MRSA). A novidade estava no fato de a bactéria ser resistente ao antibiótico meticilina. Os estafilococos adquiridos na comunidade eram, até então, sensíveis a esse antibiótico. Apenas os tipos bacterianos presentes nos hospitais tinham resistência à meticilina. Agora, havia estafilococos resistentes em infecções adquiridas fora dos hospitais.

Os jovens se contaminaram, e o estafilococo, no caso o CA-MRSA, passou a ser um inquilino na pele de ambos. A barreira cutânea repulsou o invasor por certo tempo, porém, qualquer arranhão, abrasão, corte ou esfolamento rompia a muralha cutânea que rechaçava a invasão do CA-MRSA. E foi isso que aconteceu aos jovens. A bactéria se aproveitou de pequenas rachaduras cutâneas para alcançar as camadas internas da pele. A bactéria se dividia a cada vinte minutos, após uma hora já eram 8; após duas seriam 64, e assim por diante. Pelas paredes celulares bacterianas vazavam substâncias tóxicas aos tecidos dos jogadores americanos. A bactéria expelia toxinas agressivas à pele. Umas destruíam as proteínas cutâneas, enquanto outras se ligavam às gorduras da pele e as devastavam. As bactérias se replicavam, enquanto suas toxinas esburacavam os tecidos e preparavam o terreno para a conquista bacteriana.

Apesar de toda essa agressão comum aos estafilococos, a nova bactéria CA-MRSA surgiu com mais uma novidade: uma potente toxina, muito mais agressiva e destrutiva. Essa bactéria adquiriu, sem sabermos como e quando, um fragmento de DNA portador do gene que comanda a produção dessa toxina descoberta e batizada como Panton-Valentine. A nova toxina destrói proteínas e gorduras da pele de maneira muito mais intensa.[234,235] A pele é destruída e surgem manchas enegrecidas pela necrose. O tecido lesado e necrosado deixa de ser suprido pelo sangue, que também não traz células de defesa à área infectada. A bactéria aproveita e se prolifera no tecido danificado e avança para regiões profundas eliminando a toxina destrutiva. A necrose surge na gordura da pele, nos tendões e alcança os músculos.

Além disso, essa nova toxina bacteriana reconhece e liga-se às células de defesa que chegam ao foco infeccioso: são mísseis direcionados às defesas.

Células de defesa postadas na pele são destruídas pela toxina, enquanto aquelas que chegam pelo sangue também têm o mesmo destino. Os jovens americanos estavam infectados pelo CA-MRSA destrutivo. Como se já não bastasse, ainda teriam que enfrentar outro problema.

O CA-MRSA é resistente a vários antibióticos, além da meticilina, usados rotineiramente no tratamento de infecções cutâneas. Portanto, se não houver suspeita da presença dessa bactéria serão usados antibióticos rotineiros que não vão agir nesse estafilococo. O paciente apresentará piora clínica e progressão da doença mesmo com a administração dos antibióticos. Em certo momento o médico desconfiará que a falência do tratamento possa ser pela presença do CA-MRSA. Também descobrirá a ineficácia do tratamento quando chegarem as culturas laboratoriais confirmando a presença do CA-MRSA, porém, essas demoram. É preciso suspeitar de sua infecção para lançar mão de antibióticos eficazes contra o CA-MRSA, alternativos aos que são usados rotineiramente.

Os jovens americanos receberam alta hospitalar após o uso de antibióticos adequados e de cirurgia para limpeza e remoção das lesões necrosadas. Tiveram sorte de a bactéria não ter se espalhado pelo sangue causando infecção generalizada e óbito. Também ficaram livres do estafilococo atingir os pulmões e precipitar uma pneumonia destrutiva. Após a alta e, de volta aos treinos, testemunharam como a nova bactéria se alastra. Ela se disseminava entre os atletas do time nos encontros físicos, abraços e agarrões dos treinos. O estafilococo ainda podia deixar a pele dos jovens para repousar na superfície de objetos a espera de uma nova pessoa. Assim, pegava carona em toalhas e aparelhos de barbear compartilhados entre os atletas. Os equipamentos esportivos também recebiam estafilococo que habitava a superfície dos capacetes, cotoveleiras, joelheiras, etc.[236] Os atletas que não se lavavam adequadamente com água e sabonete tinham maior chance de permanecerem colonizados pelo estafilococo. Os ferimentos cutâneos dos treinos favoreciam a invasão bacteriana, caso não fossem limpos e cobertos com curativos.

O CA-MRSA utilizou todos esses meios para se alastrar entre o time de futebol americano. Um ano após a alta dos dois primeiros casos da doença, foram mais 17 internações.[237] A maioria com furúnculos e abscessos cutâneos graves que necessitaram drenagem cirúrgica. Além de agressiva, grave e resistente a antibióticos, a bactéria mostrava fácil contágio.

Nos anos seguintes surgiram mais casos de infecções pelo CA-MRSA, que revelava seu poder de disseminação entre aglomerados humanos.[238,239] Os presídios são focos de sua disseminação. Homens aglutinados transferem a bactéria entre si, e criam um verdadeiro caldo de cultura bacteriana. A agressão bacteriana faz o resto do serviço: presos são transferidos aos hospitais com infecções cutâneas graves. No interior dos quartéis também existe o mesmo problema. O estafilococo salta de militar a militar nos aglomerados humanos. Adere à superfície de equipamentos e se agarra em quem utilizá-los. O contato humano também transfere a bactéria entre populações específicas. Surtos da doença surgiriam em grupos de homossexuais americanos.[240] O contato íntimo transfere a bactéria de pele a pele, e de mucosa a mucosa. O CA-MRSA ganha terreno entre grupos e parceiros sexuais. Nos últimos anos, a bactéria avança na população em geral, e já não podemos atribuí-la apenas aos grupos aqui citados.[241] Qualquer pessoa pode ser sua vítima.

SEXO E INFECÇÃO

No líquido prostático há zinco e substâncias antibacterianas que, ejaculadas, protegem de infecções urinárias após o sexo. Há mulheres que apresentam vestígios de próstata que também eliminam substâncias protetoras de infecção urinária. Alguns acreditam que a localização dessas próstatas rudimentares femininas explicaria, em parte, a existência do famoso "ponto G", bem como a ejaculação referida por uma parcela das mulheres.[242] Proteínas liberadas na pele e degradadas por bactérias cutâneas geram um odor prazeroso ao sexo oposto. Estudos sugerem que o parceiro é mais atraído pelo odor de pessoas geneticamente diferentes, o que geraria prole com maior diversidade genética vantajosa para a evolução da espécie.

CRUZANDO O ATLÂNTICO

Nos Estados Unidos, um tipo específico do CA-MRSA destacou-se dos demais e avançou pelos estados americanos.[243,244] A bactéria CA-MRSA americana, batizada como USA300, tornou-se um problema de saúde pública.[245,246] Ela afeta americanos com baixo nível socioeconômico que se aglomeram nos cômodos domiciliares, e, em alguns casos, em péssimas condições de higiene pessoal. Tudo o que a bactéria quer. Esse tipo de CA-MRSA avançou na população americana, colonizando a pele, e saltou de pessoa a pessoa.[247] Nos últimos anos, tomou conta do país, e hoje está presente em 38 estados americanos. No início, foi encontrada também em pessoas na Colômbia, e por isso aventou-se a possibilidade de sua origem na América Latina.[248] Porém, a USA300 mostrou poder enorme de globalização, e não conseguimos saber seu local de origem. Os exemplos a seguir mostram como a pandemia pelo USA300 se alastra.

Em junho de 2003, um médico suíço retornou à Europa após concluir seus estudos de aperfeiçoamento em uma universidade americana. O imenso oceano Atlântico não foi suficiente para barrar a disseminação do CA-MRSA americano.[249] O suíço realizou exames, em solo americano, que não mostraram a bactéria em sua pele e cavidade nasal. Retornou à Suíça e foi novamente submetido a exames de rotina. Um pequeno bastão, envolto na ponta com algodão, foi deslizado na sua mucosa nasal e mergulhado em caldo de cultura bacteriana. Dessa vez, o laboratório europeu revelou a presença do CA-MRSA americano, USA300, em sua cavidade nasal. Em algum momento antes da viagem, ele se infectou pela bactéria e a levou para a Europa. O passageiro microscópico pegou carona na pele do viajante e, se não fosse descoberto, partiria em direção aos europeus do convívio social do recém-chegado. É dessa forma que a bactéria está se locomovendo pelas nações e continentes.

A bactéria americana já cruzou o Atlântico na pele dos viajantes. Aviões desembarcaram o USA300 em solo europeu. Dos aeroportos, a bactéria invadiu lares do continente e se alastrou pelas comunidades. Percorreu ruas, avenidas, cidades e países. Oito países europeus já relataram a presença da USA300 em infecções cutâneas adquiridas no solo europeu. Basta uma pessoa portar a bactéria em sua pele para que esta salte entre os familiares do mesmo domicílio.[250] Adultos portadores acariciam e abraçam seus filhos transferindo a bactéria à pele das crianças, e o inverso também ocorre.

Enquanto o tipo de CA-MRSA americano conquista os Estados Unidos e é exportado para a Europa, outras formas de CA-MRSA emergem em diferentes regiões do planeta e também se disseminam pela globalização dos meios de transporte. Um exército de estafilococos agressivos e resistentes a antibióticos partem de todas as regiões do planeta para avançar pelas grandes cidades. Os tipos bacterianos americanos foram exportados para a Europa e Ásia pelos passageiros colonizados que deixaram a América com destino às megacidades desses continentes.

Existem tipos de CA-MRSA que surgiram nos países europeus, e são específicos desse continente. Essas formas emergiram nessas nações e se disseminaram pela população. A bactéria europeia levou a internação de doentes que necessitaram de cirurgias e antibióticos. Desde o ano 2000, a bactéria europeia salta de pessoa a pessoa. Transeuntes das ruas históricas do continente as carregam sem saber. A bactéria alcança novos humanos pelas mãos contaminadas. Conquista o terreno de cavidades nasais, axilas, virilhas, coxas e regiões do períneo. Aproveita das relações sexuais e dos contatos físicos para alcançar outra leva de europeus. Esses tipos também entraram nos aviões dos aeroportos internacionais europeus para partirem em direção à Ásia: se globalizaram a exemplo dos tipos americanos.

Os tipos de CA-MRSA americanos e europeus disputam o território asiático, colonizando habitantes desse continente: uma pandemia oculta está se formando.[251] O primeiro alvo são as cidades internacionais que recebem viajantes de todas as partes do mundo. Esse exemplo é visto em Singapura, cujos habitantes já foram colonizados e invadidos pelos estafilococos americanos e europeus que lá desembarcaram. O próximo passo é a bactéria se alastrar entre os moradores das cidades, familiares da mesma residência, sócios de clubes etc. Depois a bactéria é transportada, pelas estradas, para cidades menores. Um batalhão de estafilococos avança pelas embarcações marítimas, aviões, trens e demais veículos. Apesar dessa conquista bacteriana dos tipos americanos e europeus, é na Oceania que encontramos o CA-MRSA mais bem-sucedido na sua globalização e pandemia. É de lá que partiu a forma mais disseminada pelo planeta.

CRUZANDO O PACÍFICO

Em 1993, nativos australianos apresentaram infecções cutâneas graves, e o CA-MRSA da Oceania foi descoberto nas culturas de suas peles.[252] Os médicos não imaginavam que seria o início de uma pandemia pela bactéria. Esse estafilococo se alastrou pela nação, alcançou portos e aeroportos e, facilmente, chegou aos países asiáticos. O intenso comércio internacional dos países asiáticos empurrou a bactéria para o interior dos aviões na pele e mucosa dos passageiros contaminados. O CA-MRSA da Oceania, após o ano 2000, iniciou seu império no sudoeste do Pacífico. Saltou de ilha a ilha e aportou no litoral asiático. Talvez tenha alcançado Singapura pelos filipinos expatriados que chegavam para trabalhar em empregos domésticos ou na construção civil. A bactéria avançou nos bairros da porção leste de Singapura.[253] Aviões que decolaram das cidades industriais asiáticas a levaram para aeroportos europeus, e a bactéria desembarcou na Europa percorrendo o caminho inverso daquelas que emergiram nos Estados Unidos e Europa.[254] A pandemia do tipo da Oceania também desembarcou na América. Em 2002, médicos do Uruguai relataram os primeiros casos de doentes com formas graves de infecção de pele.[255] As lesões destrutivas e não habituais despertaram a curiosidade médica. Intrigados com o número de doentes, os médicos insistiram na coleta de secreções para cultura bacteriana. Os resultados não deixaram dúvidas: o CA-MRSA estava circulando pela população uruguaia e, em alguns casos, ocasionava infecções destrutivas.[256] Testemunhavam o poder da nova e destrutiva toxina produzida pelo recém-surgido estafilococo importado da Oceania. A bactéria circulava de maneira tímida na nação, porém nos meses seguintes se revelaria: somente em 2004, hospitais uruguaios atenderam milhares de casos da infecção.

No mesmo ano em que os casos emergiam no país vizinho, médicos do Rio Grande do Sul rastreavam a presença da bactéria entre a população de Porto Alegre. Os aeroportos brasileiros também poderiam ter recebido passageiros provenientes da Oceania e colonizados pela bactéria. Além disso, como a doença dominava o Uruguai, viajantes poderiam cruzar as fronteiras do Rio Grande do Sul trazendo a bactéria pelas estradas. O CA-MRSA da Oceania teria chegado ao Brasil? Pesquisadores gaúchos mergulharam bastões, nas narinas de pessoas saudáveis em busca da bactéria. O inevitável ocorreu: encontraram o CA-MRSA em 7% das amostras submetidas ao exame que revelaram estafilococos.[257] A bactéria se locomovia entre a população de Porto Alegre.[258]

Não demorou em descobrirmos também sua presença na cidade do Rio de Janeiro, cujo tráfego internacional de passageiros derramava milhares de pessoas no seu aeroporto internacional. O CA-MRSA carioca é o mesmo da pandemia em curso.[259,260] As estradas brasileiras transportam esses estafilococos sulistas e cariocas para outras regiões, se é que já não se espalhou pelo nosso território. Precisamos de exames de rotina para avaliar a extensão do problema. Por enquanto, a pandemia recém-chegada ao Brasil transcorre de maneira lenta e oculta.[261,262] Em breve, a mídia descobrirá e as manchetes revelarão a presença do CA-MRSA. A partir de então, imaginamos a seguinte rotina.

Pessoas ouvirão as manchetes da mídia referentes à nova bactéria. Preocupadas, não saberão distinguir infecções cutâneas leves e habituais daquelas causadas pelo CA-MRSA. Assim, um batalhão de crianças será levado aos prontos-socorros das cidades para consultar médicos de plantão: ninguém se arriscará a manter uma bactéria destrutiva da pele, gordura, músculo, além de percorrer o sangue para levar ao óbito por infecção generalizada.

Notícias de que existem portadores sãos da bactéria na pele e cavidade nasal poderão ocasionar filas de pessoas querendo realizar exames para cultura da mucosa nasal. Ninguém também arriscará portar essa bactéria letal e transmiti-la aos filhos nos beijos e abraços. Um pequeno pânico tomará conta das pessoas no momento inicial das notícias, porém, a novidade se esfriará e a rotina voltará ao normal. Novamente, a lavagem das mãos e o uso de álcool em gel ganharão a preferência nacional.

ACUPUNTURA FATAL

Em 2001, numa clínica de Seul, quarenta pessoas foram infectadas após sessões de acupuntura. A infecção cutânea decorria da bactéria *Mycobacterium abscessus*, parente da causadora da tuberculose. Os médicos demoraram em diagnosticá-la por não crescer em culturas de rotina. Além disso, a bactéria é resistente ao cloro e certos desinfetantes. A clínica passou por uma ampla limpeza antes da investigação do surto, o que dificulta sabermos a fonte da epidemia. As suspeitas caem sobre as toalhas aquecidas aplicadas no local traumatizado pela agulha, o gel aplicado na pele para tratamento ultrassônico e os blocos quentes colocados na pele.[263]

GLOBALIZAÇÃO DOS DIFERENTES TIPOS DE CA-MRSA

A bactéria atravessou oceanos e chegou ao Brasil.

A PRÓXIMA PESTE VINDA DA ÁFRICA E ÁSIA

A pequena ilha de Santorini, ao norte de Creta, forneceu uma grande descoberta em 1967. Arqueólogos removiam estratos de cinzas vulcânicas em um sítio ao sul da ilha quando uma antiga civilização emergiu das camadas inferiores do terreno, soterrada pela antiga erupção. Afloravam muros de pedras com aberturas de antigas portas e janelas. Estendiam-se por uma grande área, e mostravam a silhueta de ruas, praças e casas. Sem dúvida uma grande cidade, talvez um império, que ficou soterrado por milênios naquela minúscula ilha grega. Surgia uma "nova Pompeia" do século XX.

Brotaram casas sofisticadas das escavações, com vigas de madeira na arquitetura de janelas e portas. Escadas de pedra levavam aos pisos superiores de muitos domicílios. Um esboço de encanamento ofertou água aos lares da antiga civilização, até então desconhecida. Os anos seguintes de escavações revelaram murais e afrescos com figuras de animais, imagens da vida cotidiana de seus habitantes e atividades comerciais. O que os arqueólogos não sabiam é que descobririam não apenas uma antiga civilização, mas também sua conexão com dois outros grandes eventos da história humana.

A descoberta revelou a sofisticada civilização do sítio de Akrotiri, antiga cidade da ilha. Seu povo construiu um império comercial no mar Egeu e Mediterrâneo. Estima-se que a cidade abrigou mais de cinco mil pessoas. Navios repletos de mercadorias cruzavam os mares, e seu comércio unia Egito, Grécia, Turquia, Oriente Médio, e, talvez, até as proximidades da Espanha. Há mais de três mil anos levavam e traziam mercadorias: azeite, obsidiana (tipo de vidro vulcânico), esmeril, diorita (pedra cinza e resistente), entre outras. A cidade era famosa na época, pois suas mercadorias e importações alimentavam o comércio mediterrâneo. Mas qual seria essa antiga civilização? Como um império comercial tão importante ficara esquecido todo esse tempo? Aqui está a primeira grande descoberta do sítio.

Os restos da antiga cidade imperial se situam ao sul do arquipélago das ilhas Santorini. A conformação desse conjunto de ilhas mostra a pista da descoberta. A principal ilha tem o formato de ferradura, com a concavidade voltada para o oeste. Um conjunto de duas ilhas menores surge no prolongamento da extremidade superior dessa grande terra. No centro, marítimo, ainda permanecem vestígios de dois pedaços de terra acima de uma imensa caldeira vulcânica. Os arqueólogos reconstruíram a história desse império. Prosperava acima da, então, extensa ilha do mar Egeu. Há mais de três mil anos dominava os mares e o comércio quando, de repente, foi varrida do mapa por uma catástrofe natural. Uma erupção vulcânica expeliu toneladas de lavas na atmosfera, e destruiu cerca de 80% do território imperial. A antiga ilha, que um dia foi circular, submergiu pela erupção, e apenas sua borda em ferradura permaneceu, acompanhada de outras porções de terra que formam, hoje, as ilhas menores que resistiram à erupção. Essa seria a explicação atual da geografia da região.

Qual império seria esse, tão poderoso, para construir uma cidade tão grande? Aqui entra outra grande surpresa. Os descobridores do sítio de Akrotiri acreditam ter encontrado os vestígios da grande civilização perdida de Atlântida. O mito desse império remonta à época de Platão, que foi o primeiro a tornar famosa sua descrição. Atlântida teria sido uma das maiores civilizações da antiguidade impregnada de riqueza e fartura. Durante anos debateu-se a localização de Atlântida que foi destruída, segundo Platão, por uma catástrofe natural: erupção vulcânica ou terremoto. Aventou-se sua localização próxima ao estreito de Gibraltar, enquanto outros a situavam como um continente submerso no Oceano Atlântico. Expedições científicas até tentaram, em vão, rastrear a presença de tal continente submerso nas águas entre o Velho e Novo Continente. Seu local dominou o imaginário popular do século XX, mas agora a ciência situa Atlântida no mar Egeu, próxima ao seu primeiro divulgador, Platão.

A conexão das ilhas de Santorini com fato histórico passado não é exclusivo da civilização de Atlântida. Outro acontecimento estaria por trás dessas ilhas: as dez pragas do Egito Antigo. Cientistas afrontam as convicções religiosas por insistirem em explicar as dez pragas por teorias científicas.[264,265] Aliás, muito plausíveis. As pragas foram enviadas ao reino do Faraó do Egito para que este libertasse o povo escravizado de Israel que era impedido de partir em busca da fundação de sua nação. Cientistas alegam que mudanças climáticas aqueceram as águas do Nilo, o que favoreceu a proliferação de algas tóxicas que causaram a coloração avermelhada das águas e a morte de peixes. Religiosos interpretaram que as águas do Nilo se tingiram de sangue (primeira praga). As águas tóxicas não sustentaram a vida aquática: rãs e sapos deixaram esse ambiente aquático rumo à terra firme. Ocorreu uma invasão desses anfíbios no reino do faraó (segunda praga). Em solo, esses anfíbios morrem, e nas suas carcaças proliferam moscas, mosquitos e outros insetos (terceira e quarta praga). Muitas doenças são transmitidas por insetos, e sua proliferação explicaria enfermidades que acometeram o gado e a população egípcia (quinta e sexta praga).

A erupção de Santorini veio auxiliar os cientistas para as próximas pragas do Egito Antigo.[266] A época dos eventos coincide. Milhares de toneladas de rochas vulcânicas e cinzas foram lançadas da ilha de Santorini. Enquanto mais da metade da ilha era destruída e afundava, os dejetos vulcânicos cobriam os céus do Egito. Uma tempestade de rochas quentes desceu dos céus alvejando o povo do faraó (sétima praga). O cobertor de cinzas vulcânicas cobriu o Egito, flutuou até a superfície do solo, e mudou o clima da região. A extrema umidade e a chuva favoreceram a proliferação de gafanhotos (oitava praga) que devastaram o que restou das plantações. A capa de cinzas vulcânicas na atmosfera barrou a luz solar, o céu escureceu e a temperatura esfriou (nona praga). A fome que reinou no Egito obrigou a armazenagem dos grãos em celeiros. O filho do faraó, o primeiro a receber a oferta de alimentos ingeriu esses grãos, e pode ter sofrido intoxicação por fungos que se proliferaram na superfície da armazenagem (décima praga).

Religiosos e cientistas se digladiam quanto às causas das dez pragas do Egito. Artigos em revistas e jornais se alternam com críticas mútuas para desmontar ambas as versões dos fatos: ciência *versus* religião. O palco da discórdia foi o Egito, há pouco mais de três mil anos. Porém, em 1977, uma nova praga acometeu o Egito moderno. Desde então, se expande pelas nações, e desponta como uma próxima provável pandemia a chegar ao Brasil.

A MALDIÇÃO DO FARAÓ

Após a descoberta da tumba de Tutankamon, em 1922, por Lorde Carnarvon e Howard Carter, surgiu a lenda da maldição do faraó em razão das mortes inexplicáveis de pessoas que interromperam seu descanso, muitas vitimadas por pneumonias. O fungo *Aspergillus*, encontrado no interior da tumba, revelou-se candidato a causador do mal. O *Aspergillus* prolifera na poeira e sujeira das paredes e pisos de ambientes fechados com adequada umidade. Pessoas que entram nessas tumbas recém-abertas ou restauradores de construções históricas podem inalar o fungo que provoca dano pulmonar por sua toxina.[267]

DOMINANDO A ÁFRICA

Em 1931, pesquisadores investigaram uma epidemia numa fazenda queniana de criação de ovelhas. Após esforços nas bancadas laboratoriais, conseguiam identificar o responsável: um vírus. Esclarecia-se, assim, a origem daquela estranha doença que acometia habitantes abaixo do deserto do Saara, batizada como "febre do vale do Rift", pois atacava pessoas que moravam próximas àquela longa fenda geográfica que rasgava o continente de norte a sul na sua porção leste. Hoje sabemos que essa grande depressão decorre da ruptura do solo que, há milênios, separou o chifre da África da península arábica para formar o mar Vermelho. Além disso, estendeu-se até a região da Palestina para criar o vale do rio Jordão e empurrar o mar Morto para seu nível abaixo do mar.[268] A fenda está ativa, aprofunda-se e separa as regiões de maneira lenta e contínua. A África está se partindo próximo ao seu litoral oriental. Os compridos lagos de Tanganica e Malawi repousam no centro da fenda, e os mapas futuros, talvez, mostrarão o avanço do mar Vermelho na Etiópia e Somália pela extensão da fenda.

Africanos acometidos pela doença surgiam no leste africano durante o século XX. Agora, sabiam tratar-se de uma infecção viral. Nos anos mais quentes e chuvosos, eclodiam epidemias no Quênia e nas nações vizinhas. O motivo? O vírus é transmitido por mosquitos do gênero *Aedes* e *Culex*,[269,270] e as coleções de água da chuva servem de berçários para os ovos dos mosquitos. Sabemos muito bem disso com as nossas epidemias de dengue nos meses chuvosos do verão. Habitantes do Quênia enfrentavam epidemias pela febre do vale do Rift. Nos anos de El Niño, a situação se agravava.[271,272] O calor queniano e as chuvas renovavam sua vegetação, vista pelas imagens de satélites. O atapetamento verde mais intenso indicava futuras epidemias pela doença. Proliferavam-se mosquitos nas coleções de água. Um exército desses insetos alados eclodia nas vizinhanças humanas, e das suas glândulas salivares escorregavam milhares de vírus inoculados no homem pela sua picada. Viajantes com destino abaixo do Saara eram alertados pela presença da doença. Porém, essa restrita localização se alteraria a partir de 1977: a febre do vale do Rift se expandia.

O vizinho Sudão também convivia com casos esporádicos da doença. Porém, alguns detalhes levariam o vírus para o Egito, na extremidade norte. Sudaneses cercavam e direcionavam centenas de carneiros pelo interior do país. Esses criadores levavam os animais para os mercados ao norte, na fronteira com o Egito. Gritos e gestos faziam os animais permanecerem na rota determinada. Sem saber, esses comerciantes também levavam o vírus:[273] carneiros, cabras, búfalos e gado são suscetíveis a infecção. Animais acometidos adoecem, se abatem e morrem. Apesar disso, a maioria não demonstra a doença. Abortamento também é manifestação frequente em animais infectados.

O destino dos animais sudaneses infectados foi o lago Nasser ao sul do Egito, e, depois, a represa de Assuã, onde dois vilões dos humanos se encontrariam: mosquito e vírus. A construção da represa egípcia terminou em 1971. O majestoso rio Nilo, respeitado e venerado na Antiguidade, foi barrado. Terras foram alagadas e emergiu um imenso lago artificial construído pelas mãos humanas. As comportas direcionavam o fluxo de água para produção da energia. Além disso, a represa melhorou a irrigação para a agricultura e criação de animais. Os terrenos de fazendas, vilas e vilarejos se tornaram alagados. Tudo que mosquitos precisam: inclusive os transmissores da febre do vale do Rift.

Multidões de carneiros chegaram trazendo vírus no sangue. Exércitos de mosquitos, recém-nascidos pela construção da represa e alagamento do solo, avançaram nos animais e adquiriram o futuro morador egípcio. Os insetos egípcios eram, agora, portadores do vírus.

Mas há outras hipóteses para a chegada da doença. Humanos doentes podem ter viajado ao Egito, e exposto seu sangue contaminado aos mosquitos. Esses últimos também podem ter vindo do Sudão dentro dos aviões.

O resultado final foi que o vírus caminhou pelo território egípcio, e alcançou o Delta do Nilo, região alagada pelo leque de afluentes que deságuam no Mediterrâneo (repleta de mosquitos). A doença eclodiu e foi detectada em 1977.

Naquele ano, egípcios apresentaram sintomas de dor pelo corpo, dor de cabeça, febre, indisposição, dor muscular e falta de apetite. A doença se espalhava acometendo jovens e idosos em Giza, Qalyubia e Sharqiya: todas próximas do Cairo, no Delta do Nilo.[274] Não sabiam, mas o vírus da febre do vale do Rift chegara à antiga nação do faraó. O número de doentes procurando auxílio médico aumentava enquanto a doença passava despercebida no mesmo instante em que carneiros doentes começavam a mostrar sinais do novo visitante: tombavam e entre 10% a 30% dos infectados morriam. Criadores presenciavam misteriosos abortamentos nos animais. Muitos humanos, sem saber, se infectavam pela manipulação das carcaças dos animais mortos. Os tecidos dos animais, em abatedouros, forneciam vírus e infectavam trabalhadores. Humanos infectados pela picada dos mosquitos se recuperavam dia a dia, porém, cerca de um em cada cem não tinha a mesma sorte, e desenvolvia formas graves da doença. O vírus reconhecia e invadia células do sistema nervoso central. Replicava e se multiplicava nesse tecido, com consequente inflamação. O cérebro inflamava, inchava, seus vasos se dilatavam e deixavam extravasar líquido do sangue que piorava, ainda mais, o inchaço. Hospitais recebiam doentes com encefalite pelo vírus que evoluíam com sonolência, torpor, convulsão, coma e morte. Em outros, o vírus danificava os vasos sanguíneos do corpo, que, frágeis, se rompiam em violentos sangramentos. Os médicos presenciavam, agora, uma epidemia de "febre hemorrágica".

Finalmente, a misteriosa doença foi descoberta: o vírus foi identificado nas terras egípcias. Os exames, agora, confirmavam a epidemia. As estatísticas elevavam o número de doentes, que chegou a cerca de 18 mil, com 600 mortes, a maioria por sangramentos incontroláveis. A infecção pelo vírus da febre do vale do Rift mata cerca de 1% a 3% dos infectados, porém, se surgem manifestações hemorrágicas, a mortalidade chega a metade dos casos. O Egito vivia uma das epidemias mais temidas pelos médicos: infecções virais com destruição dos vasos sanguíneos e hemorragias. Essas infecções são catastróficas e levam, com frequência, ao óbito. É o exemplo da doença causada pelo vírus Ebola. Toda febre hemorrágica é temerosa, ainda mais em formas epidêmicas. Passado o ano negro de 1977, o vírus permaneceria circulando entre mosquitos e animais do país. Retornaria em outras epidemias na década de 1990 e de 2000. A doença deixava a região abaixo do Saara e seguia para o litoral mediterrâneo. Seria o início de sua globalização?

O vírus avançaria também para o solo asiático. O El Niño de 1997/1998 novamente castigou o litoral leste africano, e as chuvas torrenciais e os alagamentos no Quênia forneceram novo combustível para a explosão de mosquitos transmissores da doença.[275] A grande epidemia desse ano iniciou-se no Quênia e se alastrou para países vizinhos: Somália e Tanzânia. O número de doentes aumentou, chegou a quase 90 mil: a maior epidemia do vírus da febre do vale do Rift. Esse vírus queniano foi levado para a península arábica: a ciência comprovou isso pela comparação genética. Talvez por um viajante doente? Um mosquito infectado que apanhou carona em um avião? Ou animal comercializado entre as nações?

EPIDEMIAS PELO EL NIÑO

O El Ninõ de 1876/1877 ocasionou secas intensas no nordeste brasileiro e na Índia, além das chuvas torrenciais na costa oeste da América Latina e China. Milhões de pessoas morreram diretamente pelo fenômeno ou, indiretamente, pela fome e desabrigo.[276] Hoje, cada vez mais epidemias surgem em decorrência do El Niño: as chuvas coletam água que auxiliam a proliferação de mosquitos transmissores de malária e dengue, e o aquecimento das águas do mar precipita a proliferação de algas que alimentam microcrustáceos portadores da bactéria da cólera.

O VÍRUS SALTA À ÁSIA

A Arábia Saudita também teve seu "Setembro Negro". Em 2000, o Ministério da Saúde saudita recebeu a notificação de uma estranha doença emergente na região de Jizan. O número de doentes era tímido: apenas sete, porém a doença mostrava-se devastadora, já que cinco morreram. Uma nova enfermidade que matava mais da metade dos acometidos. Funcionários do governo saudita rumaram para a região sudoeste e visitaram os vilarejos acometidos. A região, de clima quente e úmido, era habitada por criadores de animais e fazendeiros. O local era simples: fazendas singelas, moradores humildes, e ausência de energia elétrica. As primeiras informações adquiridas dos moradores locais já forneceram a pista: carneiros morriam e fêmeas abortavam. Com essas informações, e desconfiando da doença, o ministério levou menos de três dias para esclarecer o fato e alertar as autoridades quanto à epidemia pelo vírus da febre do vale do Rift na Arábia Saudita.[277] O vírus era transferido de mosquitos a animais, de animais a mosquitos e de mosquitos ao homem. Pouco menos de mil árabes ficaram doentes, e mais de uma centena morreu.

As notícias da Arábia Saudita cruzaram as fronteiras para o vizinho Iêmen. As autoridades do pequeno país souberam da doença próxima a sua divisa com a Arábia Saudita. Durante semanas, conviviam com a mesma doença entre seu povo sem ainda ser diagnosticada. Agora, com a elucidação vizinha testariam amostras de sangue de seus doentes também em busca do tal vírus. O número de casos diagnosticados começou a crescer. O Iêmen relatava também uma epidemia pelo vírus da febre do vale do Rift. Pouco mais de mil pacientes adoeceram pelo vírus, que, por semanas, permaneceu oculto, e mais de cem morreram.[278] O vírus deixava o continente africano rumo à Ásia.

A invasão viral ao norte acompanhou a do oeste da África. O vírus aportou no extremo ocidental africano. Casos surgiram no Senegal, Mauritânia, Gâmbia e Mali desde a década de 1980, com frequentes epidemias. O vírus foi acolhido pelo rio Senegal. Havia sido concluída a grande represa de Diama, e, novamente, águas represadas e irrigação favoreceram a proliferação dos mosquitos transmissores da doença. Porém, diferentemente do que ocorria no leste africano, as epidemias não tinham relação com as chuvas. Não havia o padrão de anos chuvosos, proliferação de mosquitos e epidemias. O intervalo com que ocorriam as epidemias nessas nações era fixo e variava entre três a seis anos. Isso sugeria que os animais de criação seriam os reservatórios e fornecedores do vírus aos mosquitos.[279] Os povos nômades e criadores transportam seus animais pelas terras africanas. Animais infectados adquirem imunidade e se tornam resistentes ao vírus. Entre três a seis anos já nasceram novas crias, e uma grande quantidade de animais suscetíveis volta a predominar nos rebanhos. Esses sim se infectam, proliferam o vírus no sangue e fornecem grande quantidade viral aos mosquitos que deles se alimentam. É assim que assistimos, com esta frequência, epidemias humanas na costa oeste africana.

Como se não bastasse, desde 2008, nos surpreendemos com epidemias da doença eclodindo no sudeste africano. O vírus avançou para a ilha de Madagascar e adjacências.[280] A doença conquistou novas terras.

O vírus circula e acomete a população do Senegal, Mauritânia, Mali e Gâmbia. Nesse último país, se adaptou aos mosquitos que proliferam na floresta tropical; no Iêmen e Chade, aos mosquitos que sobrevivem em raras coleções de água da região árida e quente; no Senegal e Egito, aos insetos que se aproveitaram das áreas alagadas pela irrigação. A doença surge e permanece em diversos tipos de paisagens e climas. Isso a torna candidata à globalização, apesar de lenta e progressiva.

Um provável futuro cenário para o vírus seria sua expansão às terras do Oriente Médio. Mosquitos se reproduziriam nas áreas alagadas e irrigadas das plantações da Jordânia, Israel, Síria, Iraque e Irã, onde alguns cultivam arroz com alagados que seriam maravilhosos para os ovos recém-depositados dos mosquitos, tanto que outras doenças virais transmitidas por mosquitos surgem nessas regiões. Criações de carneiros, vulneráveis ao vírus, se espalham pelo Irã, Iraque e Jordânia. A doença pode chegar a essas terras e eclodir em epidemias. Passará despercebida no início, mas após o aumento dos casos humanos e animais, os boatos se espalharão, e a notícia chegará às autoridades sanitárias locais. A cadeia de informação se expandirá e comissões dos governos farão o diagnóstico de sua presença. A doença se derramará e caminhará pela Ásia.

Mais ao leste, o vírus poderá atingir mosquitos que proliferam nas terras do Afeganistão, Paquistão e Índia. Habitantes do Afeganistão vivem do comércio de peles de carneiro. Testemunharão suas criações abortarem pela doença, enquanto moradores cairão doentes. Focos da doença surgirão no Paquistão, onde o mosquito abunda pelas terras alagadas da agricultura. Ao norte, no Turquemenistão, o vírus poderá avançar nos animais de sua pecuária e mosquitos o transmitiriam aos humanos. Na Turquia, o vírus circulará entre mosquitos e animais da pecuária. Casos humanos revelarão sua chegada. Finalmente, a doença aportaria no solo indiano onde mosquitos que se proliferam nas áreas alagadas se infectariam. Criações de carneiros seriam acometidas e a doença humana permanecerá endêmica. A Índia seria o trampolim para o vírus alcançar Bangladesh, Camboja, Tailândia, Vietnã, Laos, Miamar, Malásia e Indonésia. O vírus da febre do vale do Rift africano atingiria o sudeste asiático.

As monções de verão ao sul e sudeste asiático ditarão a rotina das epidemias. As chuvas intensas, aliadas ao clima quente, auxiliarão a proliferação de mosquitos e o aumento do número de casos da doença. As epidemias coincidirão com a época das chuvas. Isso é o que ocorre para muitas doenças transmitidas por mosquitos na Índia.

O vírus poderá alcançar o norte da África e circular entre animais, humanos e mosquitos. Focos da doença poderão surgir entre humanos da Argélia, Tunísia, Marrocos e Líbia. Os países europeus, ao sul do continente, serão atingidos. Porém, a doença dificilmente se manterá na Europa em razão das condições climáticas que não favorecem a proliferação e presença maciça dos mosquitos. A Europa estará parcialmente livre do vírus. Já o Brasil, tropical, é uma provável vítima da sua chegada.

MOSQUITOS PASSAGEIROS

O vírus pegaria carona em um avião para desembocar no Brasil. Um meio de transporte rápido e eficaz poderá trazer esse microrganismo às nossas terras. Nesse caso, entrará oculto no corpo de algum passageiro infectado, mas saudável o bastante para viajar com sintomas leves ou no período de incubação. Hoje, viria da África ou península arábica. No futuro, com a provável extensão da epidemia, poderá vir também de qualquer outra nação da Ásia. Não seria apenas um humano infectado que desembarcaria o vírus nos aeroportos brasileiros: os mosquitos portadores do vírus também apanham carona nos aviões. Como? Vejamos os exemplos a seguir.

Uma embarcação francesa, procedente do Senegal, aportou no nordeste brasileiro em 1930. A tripulação desceu no porto brasileiro, e, sem saber, também desembarcaram espécies de mosquitos africanos transmissores da malária: o *Anopheles gambiae*. O mosquito se proliferou pelo solo nordestino e os casos de malária começaram a surgir pela região. A cidade de Natal foi castigada à época. Nos anos seguintes o governo empenhou esforços para combater o mosquito, e, a duras penas, conseguiu erradicar a doença e o *Anopheles gambiae* da região. Se a longa jornada marítima pôde trazer mosquitos, por que não os rápidos aviões? Em 1931, órgãos sanitários de Miami inspecionaram pouco mais de cem aviões que lá aterrissaram: encontraram 28 mosquitos da espécie *Culex* e um *Aedes*. Nas pistas dos aeroportos tropicais os mosquitos invadiam a cabine dos passageiros e lá permaneciam durante a viagem. Entravam também pelas rodas e no compartimento de bagagens, onde conseguiam sobreviver às baixas temperaturas e pressões.

Na maciça campanha de erradicação do *Anopheles gambiae* nordestino, no início da década de 1940, o governo Vargas vistoriou aviões que pudessem reintroduzir o mosquito. No prazo de nove meses, encontraram o mosquito em sete aviões. Tudo isso confirma que aviões que cruzam nosso céu vindo de áreas afetadas pelo vírus da febre do vale do Rift podem desembarcar mosquitos infectados.

O SAL QUE PREVINE A MALÁRIA

A adição de iodo ao sal de cozinha preveniu o bócio endêmico, patologia da tiroide ocasionada pela falta desse elemento. Animado com o resultado, o governo adicionou, no início da década de 1950, cloroquina (droga do tratamento da malária) ao sal de cozinha e o distribuiu à população amazônica. O povo, com níveis circulantes da droga no sangue, seria picado pelo mosquito, mas não adoeceria e a enfermidade poderia ser extinta. A estratégia não teve sucesso. E o pior, acredita-se que os baixos níveis da droga na população que não matavam o parasito podem ter induzido o surgimento de formas resistentes à cloroquina, que hoje não tem efeito para uma espécie do parasito brasileiro.[281]

Em 1994, o Ministério da Saúde da França descreveu casos de malária nas redondezas de Paris. Uma doença tropical na cidade luz? Os seis doentes adquiriram a doença pela picada de mosquitos no solo francês? Isso mesmo. Os acometidos moravam nas redondezas do aeroporto, portanto, a fonte da infecção veio pelos ares. Quase trezentas aeronaves aterrissaram no aeroporto parisiense, em três semanas, vindas da África. Estima-se que de oito a vinte *Anopheles* vieram em cada avião. A maioria não sobreviveu à viagem, mas os que desembarcaram se proliferaram nas imediações do aeroporto e, portando o parasito, começaram a transmitir a malária. Epidemias de malária por mosquitos importados da África nos aviões não foram exclusivas de Paris, também ocorreram nas imediações de aeroportos da Bélgica, Holanda, Espanha, Suíça, Itália, Alemanha e Estados Unidos.

Além disso, pode-se adquirir doenças em escalas curtas de voos com conexão em países endêmicos. Um passageiro proveniente do Líbano vindo para o aeroporto de São Paulo fez um pequena escala na Costa do Marfim. Parada suficiente para ser picado por um mosquito *Anopheles* contaminado pelo parasito da malária. Desembarcou na capital paulista e adoeceu em nosso solo. Caso tivéssemos a presença do *Anopheles* na cidade, esse doente poderia ser picado pelos mosquitos que transfeririam o parasito a outras pessoas. Já pensou, uma epidemia de malária em São Paulo? Outro passageiro proveniente de Johanesburgo adquiriu a malária em sua escala na Costa do Marfim e foi adoecer na Inglaterra.

PRÓXIMA PARADA: BRASIL

O vírus da febre do vale do Rift poderá aqui chegar por avião, no interior de mosquitos ou por portadores que adquirirão a infecção em viagens para nações onde a doença é endêmica. Doenças virais que causam hemorragia são adquiridas em viagens à África e levadas a outras nações. Os sintomas se iniciam em terras distantes do local da infecção. Vírus causadores de hemorragias africanas surgiram em viajantes a negócios ou turismo que chegaram à Suíça, Alemanha, Bélgica, Inglaterra, Holanda, Irlanda e França. O próprio vírus da febre do vale do Rift já aportou na França por um passageiro infectado no Chade: se fosse picado por mosquitos franceses poderia desencadear uma epidemia europeia. O Brasil não está livre dessa futura epidemia.

O vírus, uma vez em nosso solo, poderá infectar rebanhos em todas as regiões brasileiras. O nordeste é bastante favorável para epidemias. Temos pouco mais de 16 milhões de cabeças de ovelhas pastando pelo nosso território. Mais da metade está no nordeste brasileiro, seguido pela região Sul como segunda colocada. Os mosquitos transmitirão o vírus de animal para animal. O vírus no sangue do animal infectado será sugado por mosquitos que estarão infectados também. Estes últimos, na próxima picada, infectarão novos animais.

Criadores nordestinos, ou sulistas, presenciarão animais de seu rebanho adoecerem e, alguns, morrerem. As crias começarão a secar. O número de abortos vai chamar a atenção. Órgãos do governo investigarão as mortes e abortos que atrapalharam o comércio de ovelhas. Será feito o diagnóstico, provavelmente, num momento em que o vírus já circular por grande área territorial. É provável que já tenha partido, pelo comércio de ovelhas, para regiões distantes. Uma campanha para isolar os rebanhos será lançada. Os focos de proliferação dos mosquitos serão caçados, regiões alagadas serão drenadas, inseticidas pulverizados nas proximidades das criações, rebanhos examinados, e os laboratórios receberão muitas coletas de sangue para análise. Os exames rastrearão o grau da expansão viral. Estaria apenas no Nordeste? Já teria avançado para rebanhos do Sul e Centro-oeste?

A presença viral também poderá ser suspeitada pelo surgimento de doença humana. O mosquito *Culex* prolifera-se nas áreas rurais e urbanas. O *Aedes* já é um inquilino indesejável de nossas cidades. As chuvas aumentam sua densidade. Casos humanos surgiriam nas vilas, vilarejos e cidades. Os casos de doentes com febre, mal-estar e indisposição seriam diagnosticados como virose e, recuperando-se, não teriam a devida atenção. Alguns seriam internados com meningite ou encefalite. Seria mais uma das inúmeras meningites virais brasileiras. Agora, caso o número de meningites, encefalites, ou hemorragias fosse grande, sem dúvida, chamaria a atenção dos médicos, da população e da mídia. A notícia de uma epidemia misteriosa se espalharia em rede nacional. Os casos seriam investigados a fundo com coleta de sangue e líquor (o líquido da medula espinhal que se coleta pela punção com agulha nas costas). O ministro da saúde viria a público explicar e alertar a chegada de uma nova pandemia.

Noticiários de rádio e televisão transmitiriam o comunicado ministerial: "O vírus da febre do vale do Rift aportou no Brasil". Nossa população é vulnerável a tal infecção porque nunca tivemos a presença desse vírus em nosso solo. Portanto, quanto mais pessoas suscetíveis, maior será o risco da infecção se espalhar. Nosso país tropical apresenta chuvas frequentes e clima quente que favorecem a proliferação dos mosquitos transmissores: *Aedes* e *Culex*. Quanto maior a densidade de mosquitos, maior a chance de epidemia. A velha informação seria usada: "Precisamos combater os focos de proliferação dos mosquitos urbanos". As regiões rurais seriam monitoradas porque os animais de criação são alvos do vírus e, se infectados, o passarão a novos mosquitos. O ministério montaria o esquema de combate à epidemia. Hospitais seriam aparelhados para atender os casos graves. Leitos de UTI seriam disponibilizados para as meningites, encefalites e, principalmente, para as formas graves com hemorragias. Fazendas e sítios de criação de ovelhas, búfalos, cabras e gado seriam visitados pelos agentes sanitários em busca da doença. Inseticidas seriam borrifados em locais de proliferação dos mosquitos e também nos animais de criação. Essas medidas visam repelir mosquitos. Será proibido o transporte de animais para regiões distantes até a certificação da ausência viral nos rebanhos, caso contrário, o vírus poderá se espalhar para novas regiões brasileiras. Esse cenário fictício pode perfeitamente se tornar realidade. No momento, o vírus avança pela África e Ásia enquanto o aumento do trânsito aéreo eleva as chances de sua pandemia e chegada ao Brasil.

CINTURÃO DA MENINGITE

Uma extensa faixa de terra abaixo do deserto do Saara, da costa leste a oeste do continente é conhecida como o "cinturão da meningite". Lá se concentra o maior número de casos da meningite meningocócica, que é transmitida de pessoa a pessoa. As nações pobres desse território tentam controlar essa endemia africana. Na Arábia Saudita, a vacina é obrigatória e exigida aos visitantes do país durante as famosas peregrinações a Meca.

UMA DOR DE CABEÇA NASCE NA ÁSIA

Uma paisagem muito diferente era vista às margens dos rios paulistanos até a primeira metade do século XX. O Tietê, Pinheiros e Tamanduateí borbulhavam de pessoas e embarcações àquela época. No Tietê, barcos e balsas transportavam moradores para as margens opostas. Atletas mergulhavam no rio em demonstrações de saltos ornamentais, enquanto outros disputavam provas de natação, além das famosas competições de remo entre clubes rivais.

As recreações incluíam a pesca; paulistanos arremessavam suas iscas nas profundezas dos rios, outros lançavam mão de tarrafas e peneiras. Ainda tinham aqueles que peregrinavam pelas coleções de água das margens ocasionadas pelas cheias, que represavam peixes facilmente apanhados. Retiravam dos rios lambaris, bagres, tabaranas, traíras e cascudos, além de camarões, caranguejos e mexilhões. Lavadeiras mergulhavam suas pernas nas águas do Tamanduateí para ensaboar, escovar, esfregar e enxaguar as roupas.

Os paulistanos coletavam, nas margens, frutos das árvores que acompanhavam o serpentear dos rios. Degustavam amoras, pitangas, bananas e morangos. Outros, munidos de armas, ultrapassavam as matas ciliares em busca de caça. Miravam veados, capivaras, jaguatiricas, cotias e tamanduás.

A exploração dos rios acompanhava o crescimento da população. Barcos transportavam carvão e lenha vindos das regiões próximas ao atual bairro de Santo Amaro. O solo dos rios era assaltado em busca de pedregulhos, areia, argila e barro para a construção da cidade. As casas e fábricas, da emergente cidade industrial, subiam à custa do rebaixamento dos rios. Olarias recebiam seus sedimentos para transformá-los em telhas, tijolos e cerâmicas. Com o passar dos anos, a exploração manual foi substituída por bombas de sucção que roubavam mais areia e pedregulhos valiosos para a cidade em expansão.

A fauna e flora da região eram ricas naquela época, haja vista o nome tupi de muitos locais, que permanece até os dias atuais. O rio Tamanduateí era o "rio dos tamanduás verdadeiros". O Tatuapé era o "caminho dos tatus". Guarapiranga era a região do "guará vermelho". O Tietê era o "rio verdadeiro", profundo e volumoso. O Anhembi era o "rio das anhumas", aves de regiões alagadas. E, finalmente, o grande rio assassinado pelo homem: Pinheiros. Conhecido pelos índios como Jurubatuba, em razão das palmeiras que o acompanhavam, teve seu nome rebatizado para Pinheiros pelas araucárias de sua margem. Porém, a troca de nome seria ofensa pequena perto do que estava por vir ao fluxo de suas águas.

A agressão ao rio Pinheiros veio em decorrência da crescente necessidade de energia elétrica para a embrionária cidade industrial de São Paulo. O monopólio da eletricidade caía no colo da famosa companhia canadense Light & Power, que reinou absoluta nas terras brasileiras. Em 1901, inaugurava a usina de Parnaíba, distante 33 km do centro de São Paulo.[282] As águas do rio Tietê abasteciam a usina, que alegrava os paulistanos pelo fornecimento de eletricidade e sinal de desenvolvimento. Os bondes aposentavam os cavalos que os puxavam – agora eram elétricos. A rua do gasômetro seria um sítio arqueológico, pois o gás não fornecia mais iluminação para ruas, praças, casas e fábricas. A eletricidade chegava.

A cidade crescia e, com isso, arrastava o crescimento da demanda de energia. A Light partiu para seu segundo alvo no rio Guarapiranga, um dos formadores do rio Pinheiros. Expulsou moradores das suas margens, ao sul da cidade, à custa de manobras políticas e indenizações irrisórias. Os sítios e as chácaras abandonados foram tomados pelas águas do rio, e nasceu a represa de Guarapiranga. As águas represadas eram desaguadas no rio Pinheiros e avolumavam seu fluxo até a união com o Tietê. Ambos alimentavam ainda mais a usina de Parnaíba. Porém, a solução foi temporária para a cidade que crescia de maneira exponencial e, não raramente, sofria pela crise energética.

Próximo passo: retificar as margens do Pinheiros e construir uma nova usina. O rio foi retificado e, em 1925, inaugurava-se o grande assalto a natureza do Pinheiros. Primeiro, a Light construiu a represa do rio Grande, outro formador do Pinheiros. Depois, redirecionou as águas da recém-construída represa para a Serra do Mar. Uma cascata artificial construída por tubulações descarregava torrentes de água para 700 m abaixo da serra: inaugurava a usina de Cubatão. Com isso, o fluxo das águas do Pinheiros foi invertido. Em vez de alimentar o rio Tietê, o Pinheiros passou a ser seu afluente. Suas águas deixaram de correr para o interior e, agora, caminhavam para a nova usina litorânea.

Hoje, o Pinheiros tem seu fluxo invertido, apesar de manobras nas comportas possibilitarem recuperar seu curso natural. Além disso, recebeu e recebe o esgoto orgânico de nossa cidade. Produzimos um criadouro de mosquitos transmissores de futuras doenças. A fêmea do *Culex*, conhecido como pernilongo, coloca seus ovos nas águas do rio paulistano. A proliferação do mosquito é favorecida pelos pontos de represamento por causa do fluxo que tornou-se lento.[283] A poluição pelo esgoto humano e industrial oferece nutrientes orgânicos para que formas imaturas do mosquito se desenvolvam de ovo a pupa e larva.[284] A poluição eliminou o oxigênio de suas águas, e, com isso, retirou os predadores naturais do mosquito, que, por sua vez, se adaptou às águas poluídas. Tudo isso, aliado ao clima quente e tropical, criou uma fábrica de proliferação do mosquito ao longo do ano, principalmente nos meses quentes. Os moradores próximos ao rio são testemunhas disso.

O *Culex* está disperso pelo território brasileiro. Prolifera-se em córregos, valas, rios, inclusive de águas poluídas. O mosquito é um grande problema aos humanos que tentam dormir no início da madrugada. Alimenta-se de sangue, e, para isso, avança em humanos, vacas, aves, cavalos, cães, galinhas, ratos etc. A presença de algumas espécies do *Culex* brasileiro prepara o terreno para receber uma provável pandemia viral. Já temos o mosquito transmissor, basta recebermos o vírus que no momento está na Ásia.

A CIDADE DAS REVOLTAS

Osvaldo Cruz, diretor geral da Saúde Pública, animado com a extinção dos criadouros de mosquitos e eliminação da febre amarela urbana, impôs a vacinação obrigatória contra a varíola aos cariocas em 1904. Resultado: a revolta da vacina com tumultos, depredações e ataques a bondes, trilhos e iluminação pública. O Rio de Janeiro era palco de constante quebra-quebra: a revolta do Vintém, em 1879, pelo aumento da tarifa de bonde; a revolta no teatro Lyrico, em 1891, pelo desagrado da peça; a greve violenta dos carroceiros, em 1900; e a revolta das carnes verdes por causa do preço elevado e da má qualidade.[285]

CRIAMOS MOSQUITOS

Em 1871, os japoneses comemoravam a recente ascensão do imperador Meiji, após o exército de seus aliados derrotarem as milícias do Shogun. O país entraria na era moderna, com abertura de seus portos às nações europeias e americanas. O imperador voltava a ser o foco principal das atenções do povo japonês. Porém, nesse mesmo ano outra notícia atraía os comentários: uma epidemia misteriosa acometia o Japão. Ainda sem saberem a causa, japoneses eram vitimados pela inoculação de um vírus através da picada de mosquitos *Culex*. O vírus circulava pelo sangue, reconhecia células cerebrais e se replicava no interior desse órgão vital. Japoneses iniciavam a doença com mal-estar, febre, indisposição e perda de apetite. Após replicação e agressão viral, vinham os sintomas relacionados ao inchaço cerebral: vômitos, dores de cabeça, letargia, torpor, coma, convulsão e morte. O agente causador da enfermidade seria conhecido como "vírus da encefalite japonesa". O nome se deve ao local da primeira epidemia descrita, apesar de suspeitarmos que o vírus tenha origem nas proximidades da Malásia.[286]

Na primeira metade do século XX, a ciência avançou muito no conhecimento da doença. Descobriu o vírus e sua transmissão pela picada dos mosquitos. Até a década de 1970 a encefalite japonesa atormentava habitantes da região temperada da Ásia, basicamente coreanos, japoneses e chineses. Porém, o homem, sem desconfiar, preparava o terreno para sua disseminação. Construíamos os meios para que o vírus avançasse pela

Ásia. Hoje, a doença conquistou novas terras ampliando seu horizonte de ataque e aumentando a chance de se globalizar. Como conseguiu tudo isso? Veremos a seguir.

A população asiática crescia na segunda metade do século XX e amontoava-se nas vilas e cidades. Um exército de pessoas suscetíveis ao vírus se expunha aos mosquitos transmissores da doença. Mas isso não seria suficiente para epidemias caso não houvesse também o aumento da densidade do mosquito *Culex*. Aqui entra uma das consequências do aumento populacional, que, sorrateiramente, levou à infestação dos mosquitos. Nos últimos 50 anos do século XX, a população asiática que habita a região onde ocorreu a encefalite japonesa saltou de 1,7 para 3,5 bilhões de pessoas. O excesso de humanos levou à necessidade de alimentos. A Ásia tinha mais bocas para alimentar, e quem pagaria o preço? A natureza.

Árvores tombaram para dar espaço a agricultura e criação de animais, e os mosquitos se aproveitariam disso. Asiáticos alagavam os solos para a produção do seu principal alimento: o arroz. Nos países em que existe a encefalite japonesa, as áreas destinadas à lavoura de arroz aumentaram 22% nos últimos 40 anos. O cereal conquistou mais um quarto de sua antiga área asiática, e sua produção se elevou em 134%. Os mosquitos encontraram essas terras alagadas pelos arrozais. Deliciaram-se com o aumento das coleções de água necessárias para a cultura do arroz. Conclusão: a população de mosquito *Culex* acompanhou a humana, em parte, graças ao arroz. E quanto maior a densidade de mosquitos, maior será a transmissão da doença.

Nas últimas décadas, a doença seguiu para o sul do continente asiático e se estendeu para a Índia. E caminha em direção à Europa e África. Enquanto Japão, China, Coreia e Tailândia desprendem esforços para controlar o número de casos, o mesmo não acontece em outras nações. A doença emerge nos países que não têm programa de controle nem dados estatísticos dos casos: Índia, Camboja, Laos e Bangladesh. Nos verões, há proliferação do mosquito e, consequentemente, epidemias. Nas épocas das chuvas, incluindo as das monções, também ocorrem epidemias da encefalite japonesa. A causa das epidemias não é apenas a grande quantidade de mosquitos e de seres humanos. A matemática não é assim tão simples: homem infectado passa vírus ao mosquito, e esse, agora infectado, passará o vírus para o próximo humano. Existe outra fonte de fornecimento do vírus aos mosquitos que é muito mais importante e eficiente: o porco.

Os suínos, pela picada dos mosquitos, são infectados pelo vírus que prolifera no sangue. O animal, com excesso de vírus no sangue, infecta diversos mosquitos *Culex* que avançam na sua pele. Portanto, de um único porco partem exércitos de mosquitos contaminados para agredir humanos e precipitar epidemias. O porco é um amplificador da doença. Quanto maior o número de porcos com vírus circulando, maior será o número de doentes. Novamente voltamos para as consequências do aumento populacional asiático das últimas décadas. As criações de animais também acompanharam a explosão demográfica humana. Hoje, quase um bilhão de porcos é criado pelo planeta, e mais da metade encontra-se em solo asiático.[287] Somente na China o número de porcos dobrou nos últimos vinte anos. Agora sim, o terreno da encefalite japonesa estava preparado: homem, arroz, mosquito, porco e vírus. Além disso, a garça é acometida pelo vírus e carrega a doença para regiões distantes. Seu voo transporta o passageiro microscópico para outras áreas. As condições para a doença se alastrar estavam presentes, e, a partir da década de 1970, foi isso que aconteceu.

O VÍRUS CONQUISTA A ÁSIA

A doença avançou para os países do sul asiático. O vírus foi levado para Tailândia, Laos, Camboja, Miamar, Malásia, Vietnã e Bangladesh.[288,289,290] Encontrava abundantes criações de porcos repletas de mosquitos. Partiu para o oeste e alcançou a Índia. A primeira grande epidemia da nação hindu ocorreu em 1973, e, desde então, o vírus se assentou no solo indiano,[291] além de saltar para o vizinho Paquistão.[292] Transpor o oceano para chegar às Filipinas e ao Sri Lanka foi fácil. O povo da ilha da Nova Guiné conheceu o poder da doença: surgiram casos de meningite e encefalite viral. Garças infectadas voaram para a Austrália, carregando o vírus, ou tempestades com ventos fortes arrastaram mosquitos contaminados para o solo australiano.[293,294,295] Seja como for, a doença alcançou a terra dos cangurus.[296] Em 1995, surgiram casos da doença nas terras de proprietários rurais e criadores de porcos. A Austrália conviveria com casos da doença principalmente nos meses chuvosos, entre dezembro e março.[297] O governo lançou mão de intensa campanha para conter o avanço viral. Vacinação em massa para a população (88% dos moradores das áreas afetadas foram vacinados). Além disso, reformulou as habitações dos porcos, afastando-as dos domicílios humanos e isolando-as do acesso dos mosquitos.[298]

Anualmente, ocorrem entre 30 a 50 mil casos de encefalite japonesa. Algumas nações previnem as epidemias com campanhas de vacinação da população[299] e de animais, redução na irrigação dos arrozais, combate aos mosquitos e isolamento das criações de porcos. Alcançam sucesso o Japão, Coreia, China, Tailândia e Taiwan. Porém, outras nações não atingem a mesma eficácia no combate à doença: a encefalite japonesa passeia pela Índia, Paquistão, Miamar, Bangladesh, Camboja, Filipinas, Malásia, Vietnã e Laos. O vírus está se espalhando. A migração de garças o leva para regiões vizinhas, e, eventualmente, nações fronteiriças. O comércio de porcos infectados também pode carregar o vírus para outras áreas de uma mesma nação, ou para nações contíguas. Aglomerados humanos e mosquitos não faltam para receber o vírus recém-chegado. Primeiro a doença avança pela Ásia, para depois atingir outros continentes. A Europa com suas criações de porcos se coloca no caminho viral, e nesse caso o vírus poderia caminhar de propriedade a propriedade. Uma trilha terrestre, lenta e progressiva, seria percorrida pelo vírus da encefalite japonesa. A América, mesmo separada pelo oceano, não está protegida e seria apenas questão de tempo para que a doença chegasse ao nosso solo. Quais as possibilidades de a doença transpor o Atlântico ou Pacífico?

Primeiro, um viajante pode adquirir a doença em solo asiático: desembarcam na Ásia quase 200 milhões de pessoas por ano, bem mais que as cerca de 50 milhões da década de 1990.[300] O continente é o segundo maior destino do planeta. Descem dos aviões turistas, comerciantes e empresários. Aqueles agredidos pelos mosquitos e inoculados pelo vírus podem desenvolver os sintomas no retorno, afinal, o período de incubação é de cerca de duas semanas. A essa altura, o doente já pode estar em casa. Isso ocorreu com turistas que passaram férias na ilha de Bali, Tailândia, Filipinas, China, Indonésia e Vietnã.[301,302] Dezessete países já relataram a doença importada por viajantes que retornaram da Ásia; foi diagnosticada após o retorno dos infectados – europeus e americanos – para seus países de origem. Para um viajante se infectar em uma viagem à Ásia precisa expor sua pele aos mosquitos infectados pelo vírus. Dessa forma, esse risco é muito baixo (cerca de um em um milhão) nas cidades asiáticas. Já nas áreas rurais, o risco de adquirir a encefalite japonesa se eleva.[303] Se o viajante permanecer por longo tempo em uma área rural com presença da doença, o risco é alto (chance estimada de um em cada cinco a vinte mil).[304]

A pessoa infectada retornará ao seu país de origem, poderá ser agredida pelo mosquito *Culex* e transmitir seu vírus ao inseto. Assim, a doença começará a circular em humanos e porcos. Essa hipótese, apesar de possível, é menos provável de ocorrer. Isso porque a quantidade de vírus no sangue humano é muito pequena e o tempo em que isso ocorre é efêmero, diferente dos porcos que apresentam elevadas quantidades de vírus no sangue por tempo prolongado. Então, teríamos que trazer o vírus para a América de outra forma.

O vírus pode lançar mão de uma antiga técnica de disseminação das doenças infecciosas: a navegação. As embarcações levaram e trouxeram infecções ao longo de nossa história. Sífilis da América foi levada à Europa. Índios americanos receberam dos europeus os vírus da gripe, do sarampo e da varíola. Navios negreiros trouxeram para a América o vírus da febre amarela africana, e talvez o parasito da malária. A nossa dengue também veio pelas embarcações asiáticas. Em alguns casos, os microrganismos vieram através de mosquitos presentes nas embarcações. Essa é uma excelente estratégia de locomoção viral e candidata para a chegada do vírus da encefalite japonesa à América.

O EXTERMÍNIO NA AMÉRICA

Recentes estudos estimam a população das Américas ao redor de 100 milhões de indígenas na época da descoberta europeia. A partir do século XVI, as embarcações europeias trouxeram agentes infecciosos aos índios americanos e mais da metade indígena morreu em decorrência das epidemias dessas doenças trazidas pelos europeus. A tríade mais catastrófica aos índios, e com maior taxa de mortalidade, foi sarampo, varíola e gripe.[305]

AGUARDAMOS SEU AVANÇO

O intenso comércio marítimo asiático pode levar mosquitos infectados para regiões distantes. Nesse caso, o estado americano da Califórnia é um dos principais candidatos.[306] No Brasil, nossas criações de porcos aguardam a chegada viral. Temos quase 40 milhões de cabeças suínas aglomeradas.

Quase metade se concentra na região Sul, próximo aos portos movimentados de Itajaí, Paranaguá e Rio Grande. Mosquitos infectados trazidos da Ásia podem transitar entre minérios de ferro, petróleo e derivados, soja, açúcar, adubo e fertilizantes nos portos brasileiros. Pequenos focos da doença surgiriam nas redondezas, porém, as epidemias eclodiriam ao atingirem as criações de porcos, provavelmente sulistas. Os mosquitos avançariam na pele quente e lisa dos suínos.[307] O vírus se proliferaria e circularia, em grandes quantidades, no sangue dos porcos.[308] Esses infectariam inúmeros outros mosquitos que transmitiriam a doença ao homem.

Nesse cenário brasileiro, até o momento hipotético, a doença demoraria para ser descoberta no homem: a maioria dos infectados não apresentaria sintomas típicos.[309] Ao diagnosticarmos o primeiro caso haverá vários outros ocultos. A divulgação da epidemia gerará pânico entre moradores das áreas rurais, e nas cidades próximas ao campo, além de moradores das grandes cidades que viajam com frequência para sítios, fazendas e cidades interioranas. O motivo? A encefalite japonesa é extremamente grave. Cerca de um terço dos doentes morre. Aqueles que sobrevivem ainda têm que escapar das sequelas neurológicas que o processo inflamatório causa. Quem não teria medo de uma doença com elevada letalidade e índices enormes de sequelas neurológicas?

Os Ministérios da Saúde e Agricultura, Pecuária e Abastecimento fariam reuniões de emergência para controlar o caos. Ligações frenéticas buscariam contatos asiáticos para importação de vacinas. Porém, essas já são em número insuficiente no Oriente, e não haveria vacina disponível para importar. Campanhas para o combate aos mosquitos se iniciariam, primeiro nas áreas com focos da doença. Inseticidas borrifados em construções não surtiriam o efeito desejado: os mosquitos se proliferam nas áreas alagadas da natureza. Moradores receberiam panfletos para evitar as picadas dos mosquitos, para manter janelas e portas fechadas ao entardecer, para colocar telas em seus lares, utilizar repelentes de mosquitos, e blusas de mangas compridas e calças. Os criadores de porcos teriam que adaptar suas instalações para manter os suínos afastados da agressão dos mosquitos, dentro de construções fechadas com telas.

A progressão da doença brasileira dependeria do sucesso das medidas de emergência tomadas pelo governo. Poderíamos conter o avanço da doença, ou ela passaria a reinar no solo brasileiro a exemplo da dengue?

PROGRESSÃO DAS ÁREAS AFETADAS PELA PRESENÇA DO VÍRUS DA ENCEFALITE JAPONESA

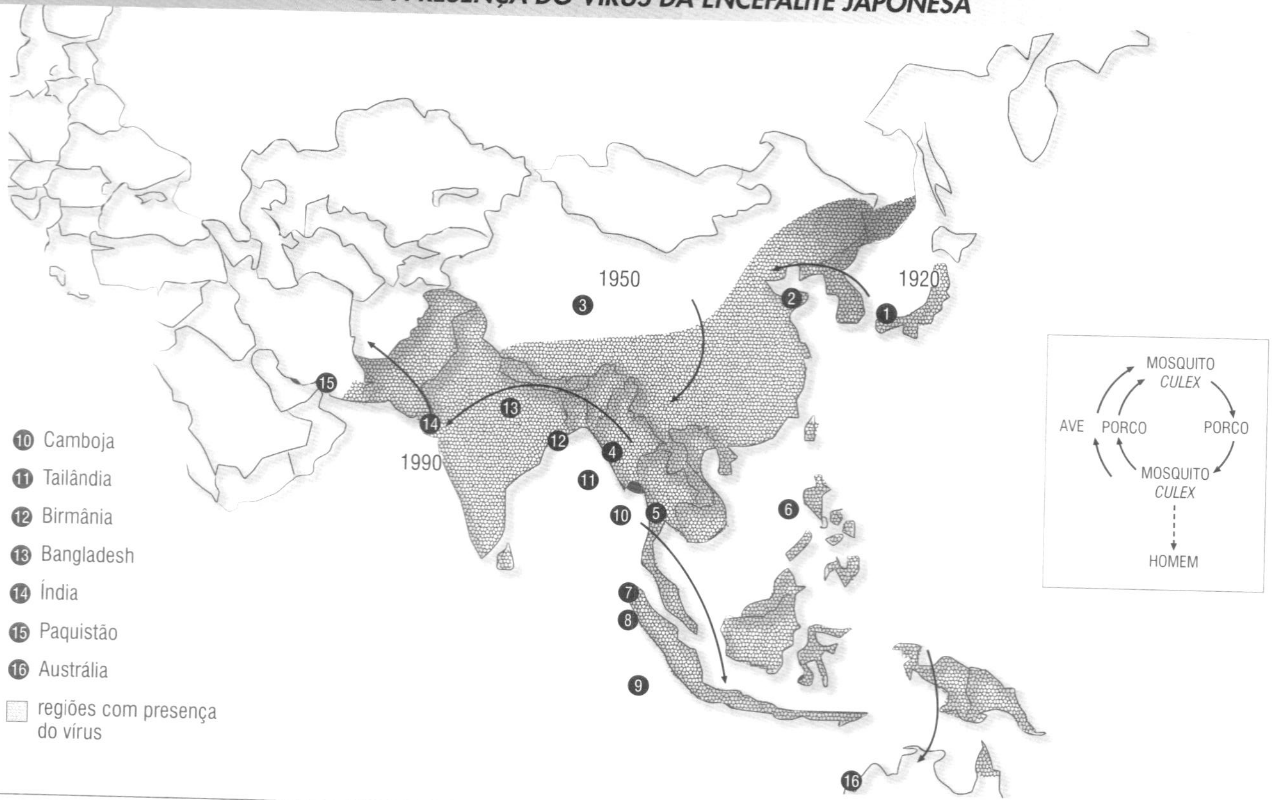

1 Japão
2 Coreia
3 China
4 Laos
5 Vietnã
6 Filipinas
7 Malásia
8 Singapura
9 Indonésia
10 Camboja
11 Tailândia
12 Birmânia
13 Bangladesh
14 Índia
15 Paquistão
16 Austrália
regiões com presença do vírus

Encefalite mata cerca de 1/3 dos doentes.

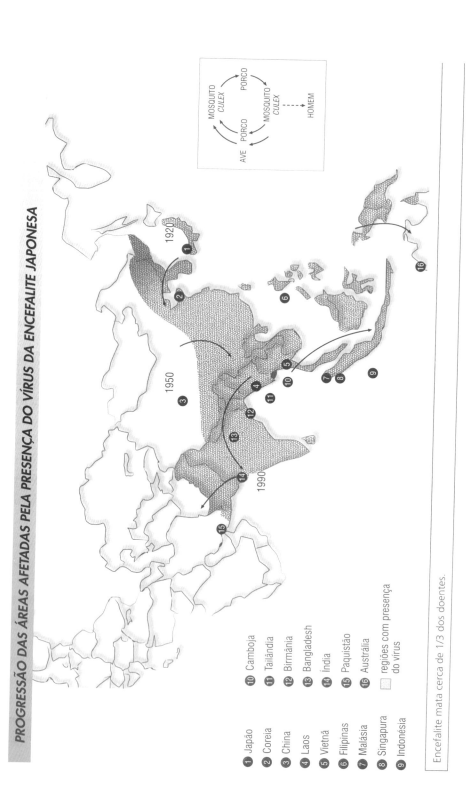

OS PARENTES DO EBOLA

No início, as infecções eram levadas por estradas, trilhas e campos. Viajantes doentes carregavam os vírus até onde conseguissem chegar antes de tombarem na cama ou cova. Os vírus saltavam para novas vítimas em um revezamento humano, e dependiam dessa lenta locomoção para ganharem novos territórios. Às vezes, animais aceleravam o percurso: esses inquilinos microscópicos vinham em humanos montados a cavalo, o que encurtava as distâncias. As primeiras civilizações e impérios carregaram vírus e bactérias para áreas distantes, e, algumas vezes, até mesmo para outros continentes. Os vírus do sarampo e da varíola utilizaram o extenso Império Romano para chegar à Europa no corpo de legionários, comerciantes e viajantes contaminados, que partiam das colônias romanas do Oriente Médio e Egito. Foram as pestes europeias dos séculos II e III d.C.

FAMOSOS COM VARÍOLA

A varíola foi o temor dos séculos passados. A alta mortalidade atingia as crianças, enquanto as lesões deixavam marcas na pele dos sobreviventes. Alguns famosos foram acometidos pela doença:[310]

- Rainha Elizabeth I se recuperou, com prováveis cicatrizes cutâneas.
- Pocahontas, filha do chefe indígena da Virgínia, morreu, provavelmente, vítima da doença ao viajar para a Inglaterra.
- Rainha Maria II morreu de uma forma grave de varíola.
- Czar Pedro II morreu em 1730 de varíola, aos 14 anos.
- Mozart sofreu pela epidemia de Viena, em 1767, mas conseguiu sobreviver.
- Joseph Stalin tinha cicatrizes extensas que eram ocultadas nas fotos.

As embarcações entraram em cena, e os microrganismos lançaram mão desse transporte humano para galgar novos territórios pelo planeta. Conseguiram transpor os mares e desembarcar em litorais virgens da doença. O Atlântico foi transposto pelos vírus da gripe, febre amarela, sarampo e varíola, todos rumo à América. Uns chegavam nas embarcações dos colonizadores europeus, enquanto outros pelos navios negreiros partidos da África. Alguns vírus desembarcaram no interior do organismo debilitado de marinheiros doentes, enquanto outros dentro de mosquitos intrometidos que apanharam carona transatlântica nas coleções de água dos navios.

Os vírus respiratórios – transmitidos pela fala, tosse e espirro – fizeram um árduo esforço para chegar do Velho Continente à América indígena. Muitos só acometem humanos e, por isso, tinham que manter a infecção na tripulação enquanto aguardavam o tempo de travessia do Atlântico. O marinheiro doente se restabelecia da enfermidade em poucos dias, e o vírus eliminado teria de atingir nova vítima ou corria o risco de se extinguir na embarcação. O período de incubação da doença ajudava, e, dessa forma, o vírus ganhava tempo na travessia. Um novo doente, e outra chance do vírus partir em busca de outro tripulante. Assim, de paciente em paciente, a doença permanecia nos navios até chegar ao mundo dos índios suscetíveis. A travessia do Atlântico era curta e rápida para o padrão de tempo viral, e uma vez na América foi fácil se alastrar pela população indígena. Foi assim que o sarampo e a varíola transpuseram o Atlântico para a América.

Caso a viagem fosse longa, haveria tempo para a maioria da tripulação adoecer e se curar. Assim, o vírus eliminado pelos últimos enfermos não encontraria, com facilidade, marujos que ainda não tivessem adoecido: o vírus se extinguiria na embarcação. Foi o que ocorreu com a bactéria da cólera. Reinante na Índia, a doença embarcava no retorno dos navios europeus dos séculos XVI a XVIII, porém, a viagem era longa demais. As embarcações cruzavam o Oceano Índico, contornavam o sul da África, e toda a costa oeste africana para alcançar os portos europeus. Depois de todo esse percurso, quem adoecesse já estaria curado ou teria morrido, e os navios chegavam já livres da epidemia a bordo. Por isso, apesar do intenso tráfego marítimo desses séculos, a cólera não foi trazida à Europa até o século XIX.

A EPIDEMIA QUE DITOU MODA

A peste negra, de 1348 a 1350, matou um terço da população europeia infectada pela bactéria transmitida pela pulga dos ratos. Entre tantas teorias para entender aquele mal, a culpa recaiu nos banhos quentes, que, abrindo os poros da pele, favoreceriam a entrada dos miasmas, gases venenosos, supostos causadores da doença. Além disso, poros cutâneos bloqueados pela sujeira protegeriam contra a entrada dos miasmas. A teoria contribuiu para nocautear o hábito de banhar-se, lacrar casas de banho e saunas, e empurrar a população para os séculos mais sujos da história da higiene. As epidemias de peste também ditaram moda: roupas justas impediriam a entrada dos miasmas nos poros da pele, que, com isso, passou a ser coberta por tafetá, cetim, juta, linóleo e cânhamo.[311]

As epidemias dependiam da melhora do sistema de transporte para atingir territórios distantes. As embarcações a vela limitavam o avanço de vírus e bactérias. As rotas terrestres levavam microrganismos pelos solos da África, Ásia e Europa, enquanto embarcações a vela os aportaram na América e Oceania. Os povos das ilhas do Pacífico seriam os últimos a tombar pelas epidemias humanas, e, para isso, aguardaram incrementos na velocidade do transporte marítimo. Por outro lado, os microrganismos de infecções crônicas sobreviviam por toda viagem até chegar às praias longínquas. A sífilis e gonorreia aguardavam entre a população de marinheiros, assim como a tuberculose debilitava marujos de maneira lenta enquanto a viagem prosseguia. Para essas doenças não havia pressa, os doentes não se curavam de maneira rápida. Assim, esses agentes infecciosos permaneciam até o fim das travessias, mesmo que longas e demoradas: uma embarcação partida dos portos ingleses em direção à Austrália demorava quase um ano para chegar ao seu destino.

O capitão James Cook, explorador britânico, descobriu o arquipélago das ilhas do Havaí em 1778. Quando sua tripulação desembarcou na praia, a bactéria da sífilis estava oculta no organismo dos marujos. Logo no primeiro encontro, marinheiros europeus transmitiam a doença às nativas havaianas. Nas expedições seguintes, seria a vez da bactéria da tuberculose desembarcar através de tripulantes infectados. A doença também se disseminaria entre os nativos, seguida da lepra.[312]

Enquanto isso, os vírus respiratórios aguardavam avanços tecnológicos humanos que encurtassem o tempo das viagens, o que ocorreria no século XIX. As embarcações ganharam velocidade para navegação em rios e canais, mas os vírus ambicionavam as distantes ilhas do Pacífico, últimos redutos livres das doenças. O século XIX presenciou embarcações a vapor ganharem velocidade e encurtarem as distâncias. Os navios das viagens oceânicas trocariam seu casco de ferro pelo aço, ganhariam hélices de propulsão, depois hélices duplas, além de turbinas a vapor. A travessia marítima da Inglaterra à Austrália, na época do capitão James Cook, levava cerca de um ano; em meados do século XIX esse tempo reduziu para cerca de cem dias, e no final do século industrial atingiria cinquenta dias. Era o que os vírus respiratórios precisavam para também desembarcar em terras longínquas.

Um ótimo exemplo do avanço viral ocorreu nas ilhas Fiji, isoladas no Pacífico, a leste da Austrália. Na segunda metade do século XIX, inúmeras embarcações partiram da Índia, então colônia britânica, e aportaram nas praias da ilha trazendo grupos de trabalhadores indianos para as plantações de cana-de-açúcar. Por diversas vezes, cirurgiões a bordo acompanharam esses imigrantes com a responsabilidade de levá-los saudáveis a Fiji: com o fim da escravidão, substituiriam os escravos da ilha nas colônias inglesas. O vírus do sarampo que ora circulava nas cidades indianas, adentrou nas embarcações com destino a Fiji. A doença eclodiu nos passageiros que embarcaram nos portos, porém, para chegar a Fiji, o vírus teria que se disseminar entre os cerca de 500 indianos pelo período de dois a três meses da jornada.[313] O esforço viral não suportou tanto tempo e nenhum caso de sarampo aportou na ilha.

FOGO OU PESTE?

A peste bubônica aportou no Havaí, vinda nas embarcações asiáticas, em 1899. Os médicos do Conselho de Saúde decidiram acabar com o provável foco da epidemia: o bairro oriental de Chinatown. Acreditavam que o aglomerado de japoneses, chineses e nativos, associado à sujeira e pobreza, causavam a doença, então, surgiu a grande ideia: atear fogo planejado e controlado no centro do bairro. Em 20 de janeiro de 1900, o fogo que iniciou de maneira programada se alastrou pela mudança repentina do vento. Chinatown ferveu em chamas que destruiriam dezenas de blocos e deixariam mais de seis mil pessoas desabrigadas.

Após 1884, as embarcações a vapor incrementaram sua velocidade. Navios maiores e mais rápidos partiam dos portos indianos com o mesmo destino: Fiji. Dessa vez, os vírus que entravam nas embarcações pelos corpos da tripulação doente encontravam um número maior de pessoas aglomeradas, cerca de 800 pessoas por navio. Além disso, a viagem tornou-se mais rápida, reduzindo para apenas um mês. Conclusão: o vírus saltava de pessoa a pessoa enquanto transcorria o mês da travessia, e assim, conseguia chegar à ilha. Indianos adoecidos no final da travessia desembarcaram o vírus do sarampo nas praias fijianas, e a doença avançou em epidemia nos nativos de Fiji.

Pouco a pouco, os microrganismos conquistavam o planeta, apanhando carona no desenvolvimento humano dos meios de transporte. Finalmente, chegamos à era da aviação, no século XX, quando as distâncias se encurtariam cada vez mais. A mesma viagem da Inglaterra à Austrália passaria para duas semanas com os aviões da década de 1930. As inovações ainda reduziriam as escalas de reabastecimento das aeronaves, implementariam a velocidade, e esse tempo cairia para quatro dias na década de 1940, e, finalmente, para um dia atualmente. Hoje, percorremos o mundo em 24 horas no interior das aeronaves, e qualquer agente infeccioso pode desembarcar do outro lado.

Além disso, o número de passageiros se elevou e, com isso, aumentou o risco de carregarmos microrganismos para regiões distantes. Desde meados do século XX, a população mundial aumenta a uma taxa de 1,5% a 2,5% ao ano: já passamos dos seis bilhões de habitantes. O número de viajantes internacionais não ficou atrás, e também se elevou, porém, a uma taxa bem maior: de 7,5% a 10% ao ano. Somente em 2008, 922 milhões de pessoas cruzaram as fronteiras em viagens internacionais.[314] A expectativa para 2010 é que esse número tenha atingido um bilhão de viajantes, quase um sexto da humanidade transpondo as fronteiras de suas nações; com isso, elevam -se as chances de locomoção dos microrganismos. Mais da metade dos viajantes são turistas em férias, lazer e diversão, utilizando aviões.[315]

Nesse mundo globalizado, com intenso tráfego aéreo cruzando as fronteiras, há cada vez mais o risco de ocorrer pandemias. Dessas, algumas das mais temíveis são as causadas pelos vírus das febres hemorrágicas, que predominam incrustadas nas matas africanas. É o exemplo do vírus Ebola e de outros, candidatos à pandemia, guardadas as devidas proporções dos mitos que os acompanham.[316] Veremos a seguir como esses vírus poderão se alastrar, bem como os momentos em que isso quase ocorreu.

INVASÃO ALIENÍGENA NOS ESTADOS UNIDOS

Em 2003, uma empresa texana importou 800 pequenos mamíferos de Gana, África. Esquilos e ratos gigantes de Gâmbia vieram infectados com o vírus monkeypox (vírus da varíola do macaco). A importadora os revendeu para comerciantes de animais de estimação, e esses animais africanos, pelo contato próximo, infectaram cães da pradaria americanos, que, vendidos pelas lojas de animais de estimação, infectaram 81 americanos em Kansas, Indiana, Ohio, Wisconsin, Illinois e Missouri. Todos adoeceram com pequenas bolhas cutâneas causadas pelo vírus africano que eclodiu em epidemia nos Estados Unidos.[317]

DA ÁFRICA À AMÉRICA E EUROPA

No final de 2008, jornais cariocas divulgaram notícias sobre a chegada de um sul-africano ao Rio de Janeiro internado com febre hemorrágica. A cidade não falou em outro assunto desde que a informação ganhou os ouvidos ávidos por notícias bombásticas. Imagine só, um vírus hemorrágico africano desembarcando e causando epidemia em pleno aglomerado carioca. E a notícia ganhou ainda mais dimensão com a morte do empresário sul-africano. Após dias de especulações quanto à causa da doença, e no aguardo da análise das amostras de sangue, a notícia esmoreceu com o diagnóstico final de febre maculosa, adquirida na África. A doença, transmitida pelo carrapato, não era novidade no Brasil (temos alguns casos na região Sudeste), e, além disso, não havia meios de ser transmitida de pessoa a pessoa. O Rio de Janeiro se livrava de uma epidemia mortal por vírus hemorrágico africano. Pelo menos era isso o que o exagero inicial sugeria.

Esse exemplo mostra a importância dos médicos suspeitarem e alertarem os órgãos de saúde quando atenderem pacientes com chance de trazer alguma doença estrangeira e potencialmente grave. Dessa forma, bloqueamos possíveis epidemias. Apesar do alerta desse exemplo não se concretizar, vírus verdadeiramente perigosos podem chegar e passar despercebido aos olhos médicos. Foi o que ocorreu nos Estados Unidos, com a diferença de que o risco de uma epidemia na América do Norte foi bem real.

Uma turista americana, que retornara de um safári de duas semanas em Uganda, desembarcou em 1º de janeiro de 2008 no Colorado. Em três dias, adoeceu com dor de cabeça, calafrios, febre, náuseas, vômitos e diarreia. Os médicos americanos, calejados pelas doenças tropicais em seus viajantes, investigaram malária enquanto administravam antibióticos para uma provável diarreia adquirida pela ingestão de água ou alimento contaminado em Uganda. Nos dias seguintes, a saúde da americana de 44 anos piorou: além de fatigada e pálida, seus exames mostraram inflamação no fígado. Após quatro dias de sofrimento, foi internada para tratamento e realização de exames mais aprofundados. Permaneceu no hospital por 11 dias, e, apesar da melhora, os exames não concluíram qual infecção ela teria adquirido na nação africana. Algum microrganismo a invadira entre seus passeios, que incluíram visitas a ambientes com animais silvestres, *rafting*, acampamento, safári e estadias em vilas e vilarejos ugandenses. Várias sorologias descartaram infecções virais africanas, enquanto culturas não mostraram crescimento de nenhuma bactéria no sangue ou fezes. A mulher frustrada pela ausência de um diagnóstico preciso, retornou para casa curada da estranha doença. Aguardaria meio ano para saber seu diagnóstico, e isso só seria possível pelos fatos ocorridos do outro lado do Atlântico: na Holanda.

Outra turista, uma holandesa de 41 anos, não teve a mesma sorte que a norte-americana. No início de julho foi internada com febre, calafrios e fraqueza. Os médicos tinham uma pista do local de aquisição da infecção: a paciente retornara havia uma semana de viagem de férias em que passara três semanas em país africano. Qual? Uganda, o mesmo da americana.

Novamente, investigava-se diarreia bacteriana, malária e outras doenças tropicais. Enquanto isso, a saúde da paciente deteriorava a olhos vistos. Em 48 horas surge diarreia, seu fígado inflama e seus rins começam a mostrar sinais de mau funcionamento. Porém, ainda viria o pior: sangramentos. Enquanto a paciente, na UTI, sangrava pelo intestino, estômago e mucosas orais, nasais e pulmonares, os médicos lutavam contra o tempo para realizar as sorologias virais. Nesse momento já desconfiavam que, sendo um vírus de febre hemorrágica, a doença poderia ser transmitida pelo manuseio de secreções e sangue da paciente. O vírus atingiria as mãos de médicos e enfermeiras que distraidamente as levariam as mucosas orais, oculares e nasais. Para evitar isso, lançavam mão de gorros, luvas, aventais, óculos e máscaras ao entrar no quarto da doente para examiná-la e medicá-la.

No sétimo dia da doença, a holandesa não resistiu aos sangramentos, inchaço cerebral, queda de pressão, falência hepática e renal: faleceu em 11 de julho. Os médicos, dessa vez, sabiam o diagnóstico: receberam a confirmação laboratorial um dia antes, era o vírus Marburg.[318,319] A notícia ganhou manchetes dos jornais locais e revistas médicas especializadas. O fato alcançou os ouvidos da turista americana esquecida no Colorado, e o que mais a impressionou foi saber que a holandesa visitou o mesmo ponto turístico que ela: a caverna Python no Parque Nacional da Rainha Elizabeth, em Uganda.

A americana, restabelecida havia seis meses, entrou em contato com as equipes médicas, que valorizaram sua informação: também permanecera cerca de vinte minutos no interior da caverna Python, onde sobrevoavam morcegos sabidamente transmissores do vírus Marburg. A americana foi submetida a novos exames que confirmaram seu receio, a sorologia para tal vírus mostrava anticorpos contra aquela infecção. O vírus Marburg fora o responsável pela sua doença, que ninguém diagnosticara.[320] Os Estados Unidos correram o risco da doença se disseminar pelo território, bem como os holandeses, seis meses depois. Ligações e mensagens dos órgãos de saúde das nações africana, europeia e americana se cruzaram. O Ministério da Saúde de Uganda interditou a visitação na tal caverna onde os morcegos transmitiam o vírus. Turistas poderiam manipular excrementos no solo e levar as mãos contaminadas às mucosas orais, nasais e oculares. Além disso, talvez inalassem a poeira dispersa com vírus ascendido do solo.

Toda equipe médica, além das pessoas que mantiveram contato com as duas pacientes infectadas foram recrutadas para realizar exames de sangue em busca de eventual contaminação. Por sorte, nenhuma outra pessoa se infectou, caso contrário, uma epidemia pelo Marburg teria se instalado na Europa ou América do Norte. Como isso poderia ocorrer? Qual o local do vírus Marburg? Veremos a seguir.

O INÍCIO OCULTO DE UMA PANDEMIA

O vírus, descoberto em 1967, recebeu seu nome em homenagem à cidade em que foi identificado: Marburg, na Alemanha. Como assim, um vírus africano identificado em solo alemão? À época, macacos verdes de Uganda eram importados para laboratórios europeus fabricarem vacinas contra a poliomielite. Os técnicos dos laboratórios dissecavam os primatas para recolher as células renais usadas para replicar o vírus da pólio. Essas células eram invadidas pelos vírus da pólio, que se multiplicavam no seu interior, e dessa forma adquiriam grandes quantidades virais para a produção da vacina. Os profissionais do laboratório manusearam os tecidos e sangue dos macacos e se infectaram pela doença até então desconhecida. Carregamentos de macacos verdes também foram enviados para laboratórios de Belgrado e Frankfurt. Simultaneamente, surgiam doentes nessas três cidades. Os primatas se infectaram em Uganda e levaram o vírus à Europa. Trinta e um técnicos dos laboratórios adoeceram, e sete morreram: uma nova doença com elevada letalidade.

O animal que transmitia o Marburg para primatas, incluindo o homem, permanecia desconhecido. Em 1999, surgiu a primeira pista do local onde o vírus se escondia. A República Democrática do Congo começava a vivenciar uma epidemia pelo Marburg que chegaria ao total de 154 doentes dos quais 83% morreriam. A maioria dos doentes era de trabalhadores das minas de ouro da aldeia de Durba e permaneciam vários dias nas profundezas da terra, onde se alimentavam e, até mesmo, dormiam. O vírus deve ter vindo do interior das minas infestadas por ratos e morcegos. A suspeita recaía nesses animais, porém nunca conseguíamos isolar o vírus em animais capturados. Finalmente, a próxima grande epidemia, no ano de 2004, em Angola, trouxe a solução do mistério. A epidemia angolana do Marburg acometeu 252 pessoas, novamente com mortalidade elevada, e forneceu nova chance de capturar e estudar animais que pudessem albergar o vírus: dessa vez foram encontrados. O vírus Marburg está presente em espécies de morcegos frutívoros que se espalham por todo o território africano abaixo do Saara e eliminam o vírus em suas secreções e excrementos. Epidemias pelo Marburg ocorreram no Quênia, Uganda, República Democrática do Congo, Angola, Zimbábue e Gabão.[321] As cavernas, com aglomerados de morcegos, são áreas de concentração viral, e foi assim que as turistas se infectaram.

Os fatos ocorridos no Colorado e na Holanda podem se repetir em qualquer nação que receba viajantes infectados da África. O vírus chegaria em turistas, empresários, negociantes, trabalhadores etc. Nesse caso, os Estados Unidos e a Holanda escaparam por pouco de vivenciar uma epidemia pelo Marburg. A doença podia ter tomado outro rumo para precipitar a epidemia. Este cenário – a chegada de um turista infectado – é possível em qualquer região do planeta, inclusive no Brasil. Um viajante infectado no solo africano desenvolveria os sintomas após seu retorno, já que o período de incubação é longo: de 3 a 10 dias. No início, o paciente apresentaria sintomas gerais comuns a qualquer doença infecciosa: febre, dores de cabeça e pelo corpo, náuseas, vômitos, indisposição, calafrios etc. Isso retardaria o diagnóstico.

Nesse momento, o vírus Marburg estaria sendo eliminado nas fezes, urina e secreções do paciente. Caso debilitado, talvez algum parente estivesse na beira de sua cama ofertando remédios, água ou alimentos. Sem saber, esse familiar contaminaria as mãos com líquidos e secreções do nariz, boca e olhos. O próprio doente contamina suas mãos ao manipular essas regiões e transfere o vírus para sua pele. Nesse caso, o familiar poderia contaminar suas mãos pelo contato cutâneo com o enfermo. Caso apresentasse diarreia e vômito, seu familiar recolheria roupas e toalhas sujas para lavar, e novamente suas mãos entrariam em contato com líquidos e secreções portadoras do vírus. Garganta inflamada e conjuntivite viral forneceriam também lenços impregnados pelo vírus. Por diversos meios, os familiares poderiam se infectar pelo vírus ao manusearem o doente ou seus utensílios. Por isso, esses doentes são isolados em quartos preparados para esse tipo de doença e, muitas vezes, naquelas camas cercadas e fechadas com plástico, vistas na televisão. Os riscos de transmissão não se restringiriam ao domicílio, pois o paciente seria levado ao hospital.

Nos primeiros três dias da doença não haveria sintomas específicos. No pronto-socorro de qualquer hospital, o doente seria examinado pelo médico, manipulado pela enfermeira e pelo profissional que coletaria seu sangue. Ninguém suspeitaria dos riscos e, portanto, não se usariam roupas apropriadas para proteger do contágio. Caso um desses profissionais se infectasse, adoeceria, e, em casa, a história se repetiria.

Uma vez atendido e em condições de alta, o paciente deixaria o pronto-socorro e retornaria para casa continuando a expor seus parentes e amigos à infecção. Caso internado para hidratação e investigação do quadro, também colocaria em risco de contágio os profissionais de saúde e, talvez, os doentes que dividiriam o mesmo quarto hospitalar. A suspeita de febre hemorrágica viral contagiosa ainda demoraria. A atenção dos médicos seria desviada para outro caminho. O vômito e a diarreia empurrariam o raciocínio médico para infecções bacterianas e virais que o paciente pudesse ter adquirido por alimentos contaminados no país africano. Receberia antibióticos enquanto não chegassem as culturas de fezes: permanecia o risco da doença se alastrar. A febre elevada poderia indicar a presença da malária tão frequente em viajantes que retornam dos países abaixo do Saara,[322] e os médicos aguardariam os exames específicos de sangue. Foi exatamente isso que ocorreu com ambas as turistas, americana e holandesa, infectadas pelo Marburg.

Passados os três primeiros dias da doença surgiriam os sintomas que levariam à suspeita do real risco da gravidade e contágio: os sangramentos. Nessa fase, a doença seria bem mais contagiosa e o risco de epidemia se elevaria. Agora sim, o risco dos familiares ou profissionais da saúde seria enorme: o sangue estaria repleto de vírus. A tosse expeliria laivos de sangue, e sangrariam o nariz, as conjuntivas oculares e as gengivas. Os vômitos, agora, teriam sangue vivo, bem como a diarreia. O doente – debilitado, pálido e desfalecido – retornaria ao hospital ou, se lá tivesse permanecido após a consulta no pronto-socorro, seria transferido à UTI. Agora a história seria outra: médicos diante dos sangramentos não teriam outra opção a não ser desencadear o alerta. O quebra-cabeça seria resolvido pelas peças-chave que incluíam febre, hemorragia, paciente recém-chegado da África, provável infecção viral: uma febre hemorrágica viral altamente contagiosa.

O vírus teria chance de atingir outras pessoas e desencadear a epidemia durante todo esse caminho tortuoso do primeiro doente. Foi esse risco que os Estados Unidos e a Holanda correram em 2008, e, pode ter ocorrido em outros momentos em que o diagnóstico não tenha sido feito. Lembre-se: a doente do Colorado só foi diagnosticada pelo Marburg após saber do caso ocorrido na Holanda, seis meses depois. Essa epidemia oculta, pelo menos no seu início, seria difícil de ocorrer? Sua probabilidade seria ínfima? O exemplo de Uganda mostra que não.

O vírus Marburg é parente do Ebola, são da mesma família viral, e os riscos de contágio são os mesmos. Portanto, o que falamos para o Marburg também vale para o Ebola. Em agosto de 2007, uma moça de 26 anos adoeceu no distrito de Bundibugyo, em Uganda. A jovem habitava a pequena província ugandense com pouco mais de 250 mil habitantes, que viviam da caça, pesca, turismo e das plantações de cacau. Mais de 60% da região era coberta por matas. A paciente adoeceu com febre, fraqueza e diarreia. Debilitada, tinha à disposição, no distrito, 26 postos de saúde e apenas um hospital. Apesar disso, agonizou e faleceu em cerca de três dias de sintomas progressivos. Na época ninguém sabia, mas o vírus Ebola havia partido das matas e atingido seu organismo.

Na residência da jovem doente, o vírus, eliminado nas suas secreções e líquidos, alcançou aqueles que mantiveram contato próximo com ela doente: adoeceram sua filha, irmã, mãe e duas sobrinhas. Médicos da região até investigaram o quadro, porém os poucos recursos tecnológicos laboratoriais não concluíram a causa da doença. O vírus permaneceu circulando e saltando de pessoa a pessoa. Somente após três meses, com mais vinte mortes por febre hemorrágica, as autoridades de saúde voltaram a investigar aquele surto. Mesmo assim, somente um mês após o início das investigações, e com auxílio de laboratórios estrangeiros, conseguiram descobrir a epidemia causada pelo Ebola, que já reinava há três meses.

O pico da epidemia ocorreu no final de novembro e começo de dezembro. No total, foram pouco mais de cem casos confirmados, e cerca de um terço morreu. O vírus, eliminado nas secreções e líquidos, atingia familiares e amigos próximos que mantinham contato físico com os doentes. O ritual do funeral, que incluía lavar e vestir o corpo, propiciou o contágio daqueles que o realizaram.[323]

Quem disse que um viajante portador do vírus não pode precipitar algo semelhante em outra nação? Apesar disso, não temos nenhuma comprovação de diagnóstico pelo Ebola em viajante que retornou doente do solo africano, enquanto para o Marburg é raro. Porém, há outro vírus que causa febre hemorrágica e acomete turistas após o retorno da África com maior frequência: o vírus Lassa, que veremos a seguir.

O PRÍON

Na década de 1960, cientistas desvendam a transmissão oral de uma doença, conhecida como kuru, em uma tribo da Nova Guiné. Causada por príon, o mesmo agente da doença da vaca louca, era transmitido pelo hábito do canibalismo dos cadáveres dos familiares. Mulheres e crianças eram as mais acometidas por ingerirem o cérebro dos mortos, e, portanto, rico em príon que lesava o órgão produzindo sintomas de incoordenação motora, tremores e morte.[324] A epidemia desapareceu com a campanha para terminar com o canibalismo cultural da tribo. Seria uma pista do que viria no futuro com a doença da vaca louca europeia da década de 1980.

VÍRUS EXPORTADOS DA ÁFRICA

Em 1969, duas missionárias enfermeiras morreram na cidade nigeriana de Lassa. Foram infectadas por um vírus eliminado nas secreções e líquidos de roedores. O vírus replicou no sangue das estrangeiras, agrediu as paredes dos vasos sanguíneos e órgãos vitais: morreram debilitadas, agônicas e com deterioração clínica. Os médicos, também missionários, insistiram em buscar a causa daquela misteriosa infecção na cidade de Lassa, e, por fim, identificaram o novo vírus batizado com o nome do local em que fora descoberto.

O vírus Lassa sobrevive nos roedores da região oeste africana, que eliminam cargas virais nos líquidos e secreções, que, ressecados no solo, são suspensos no ar em ambientes fechados e, assim, inalados pelo homem. Outra possibilidade de infecção está no manuseamento do solo com excrementos dos roedores com contaminação dos dedos que são levados à boca, nariz ou olhos. Dessa forma, ocorrem cerca de 100 a 500 mil casos humanos da doença a cada ano na Libéria, Nigéria, Costa do Marfim, Guiné, Serra Leoa e Senegal.[325] Nos últimos anos, a doença também se expande pelo sul de Mali.[326] Todas no oeste da África. Diferente dos vírus Marburg e Ebola, mais agressivos e letais, o vírus Lassa causa morte em "apenas" 1% a 2% dos pacientes infectados.[327] Apesar disso, é um candidato a infectar viajantes que, durante o período de incubação assintomático de 7 a 10 dias, poderão desembarcá-lo no retorno às suas nações de origem. Isso já ocorreu, como veremos.

Diversos viajantes já retornaram doentes pelo vírus Lassa, e foram diagnosticados nos Estados Unidos, Reino Unido, Alemanha, Holanda, Japão, Canadá e Israel.[328,329] Isso contando com os casos em que o diagnóstico foi confirmado. Ainda temos que supor a existência de outros casos que podem ter passado despercebidos. O risco não é raro pela intensidade das viagens e quantidade de doentes a cada ano nos países africanos. O início de uma nova epidemia distante do solo africano é sempre temerário como exemplificado pelos fatos ocorridos na Alemanha em 2000. Em janeiro desse ano, uma jovem regressou de uma viagem à Costa do Marfim. No avião, ela estava no quinto dia de doença com febre elevada e tosse. Desembarcou na Alemanha à procura de ajuda médica, que incluiria a velha rotina de investigação das doenças tropicais que tanto apavoram os médicos europeus. Porém, a turista debilitada foi internada para receber antibióticos na veia, hidratação e realização de exames. No nono dia da doença a paciente foi transferida para um outro hospital mais capacitado para casos graves. Todas as pessoas que entravam em contato com as secreções da paciente poderiam adquirir o vírus Lassa, que, ainda ignorado, era o responsável pela febre. Isso ocorreu com o médico que internou a paciente no hospital para onde fora transferida.

O médico da internação, sem saber que lidava com um vírus de febre hemorrágica, avaliou a paciente, examinou sua garganta, coletou exame de sangue e puncionou a veia para hidratação.[330] Todos os cuidados para não se contaminar com o sangue da paciente foram tomados. Mesmo assim, após concluírem o diagnóstico da paciente, os exames do médico mostraram que ele se infectara pelo vírus. Provavelmente, ao examinar a garganta da paciente pode ter recebido um golpe de tosse repleta de secreções portadoras do vírus. Por sorte, com o diagnóstico firmado, todos aqueles que mantiveram contato próximo da paciente receberam medicação antiviral para bloquear a doença, o que funcionou também para o médico infectado.

Somente quando suspeitaram e diagnosticaram o vírus Lassa na doente é que a isolaram em quarto especial. A partir daí, o vírus não seria mais transmitido para nenhuma pessoa, porém, até isso ocorrer o perigo existiu, como visto no médico que a atendera. A alemã entrou na estatística de 1% a 2% de morte pela doença: sua saúde deteriorou, seus órgãos agredidos pararam de funcionar e sangramentos se iniciaram nos vasos sanguíneos lesados. Ela morreu no sexto dia de internação. Além dos riscos dos viajantes trazerem vírus conhecidos pelo potencial de desencadear epidemias, vivemos também a chance de surgirem vírus desconhecidos. A todo momento somos surpreendidos com a descoberta de novos vírus ou formas geneticamente diferentes de vírus já conhecidos com risco de epidemias e pandemias. Foi isso que ocorreu na Alemanha e África do Sul nos exemplos que veremos.

NOVAS DESCOBERTAS VIRAIS

No ano 2000, cientistas de Hamburgo, na Alemanha, alertaram as autoridades médicas sobre a descoberta de um novo vírus proveniente da África. A história começou com o desembarque de uma jovem de apenas 23 anos que retornava de Gana e Costa do Marfim: regiões habitadas por roedores transmissores do vírus Lassa. A jovem adquirira a doença na África, e no sexto dia dos sintomas retornava à Alemanha em busca de ajuda médica por receio de ser internada em hospitais africanos onde médicos investigavam malária. Apesar disso, sua internação em um hospital alemão pouco ajudou. Sua saúde piorou pelo vírus agressivo que inflamava seus órgãos e destruía seus vasos sanguíneos, o cérebro inchara, o fígado inflamado mostrava sinais de falência e os rins pararam de funcionar. O fracasso do tratamento era evidente com o surgimento dos sinais finais desses pacientes com febre hemorrágica: sangramento por todos os orifícios. Seu organismo esfacelou diante da destruição viral enquanto sua saúde esmoreceu: morreu uma semana após a internação. O diagnóstico firmado pelos exames de sangue foi de febre hemorrágica pelo vírus Lassa, que traria surpresas assustadoras aos profissionais do laboratório que o identificaram.

Os cientistas de Hamburgo receberam amostras de sangue da vítima alemã para promover o crescimento do provável vírus responsável pela doença e identificá-lo. O laboratório utilizado para tal procedimento foi de segurança nível quatro, pois sabiam da suspeita de febre hemorrágica, e, portanto, tratava-se de um vírus altamente contagioso e letal. Nesse laboratório, os profissionais usavam roupas especializadas que revestiam todo seu corpo. Capacetes transparentes contínuos à roupa possibilitavam a visualização dos exames enquanto isolavam a cabeça do contato com o ar da sala. Luvas e sapatos completavam a proteção. Um sistema de ventilação aspirava o ar do laboratório fazendo sua pressão tornar-se negativa, e assim, impossibilitava a saída de ar do interior da sala para a antessala no momento da saída dos profissionais.

Os biólogos prepararam placas para a cultura viral que eram forradas com células específicas para receberem os vírus, e permitirem que esses as invadissem e, em seu interior, se replicassem. O papel dos cientistas, após respingarem o sangue da paciente nas células da cultura seria acompanhar as alterações celulares pela agressão viral. Porém, se surpreenderam em apenas 15 horas do procedimento. Nesse curto espaço de tempo já testemunharam a destruição de algumas células, e isso mostrava um vírus bem mais agressivo e com multiplicação muito mais rápida. Estavam diante de uma nova forma de vírus Lassa, talvez muito mais contagiosa e agressiva.[331] Novamente se assustaram após quarenta horas: todas as células da cultura haviam sido infectadas e destruídas. Esse comportamento tão agressivo não era normal nas formas conhecidas do vírus. Os cientistas de Hamburgo estavam diante de uma variante viral com enorme capacidade para se reproduzir e destruir tecidos. Esse novo tipo de vírus Lassa poderia se alastrar com maior velocidade entre as pessoas com contato próximo ao paciente, mas por sorte isso não ocorreu. Essa recém-descoberta forma viral está por lá, nos roedores do oeste africano, aguardando outra chance de saltar em um viajante que possa precipitar epidemias, e talvez pandemias.

Além desse exemplo da Alemanha, temos outro em que os cientistas descobriram um vírus novo, até então jamais encontrado e, também, com risco de contágio pelo sangue, excrementos e secreções dos pacientes. Isso ocorreu na África do Sul, em 2008. O vírus Lassa pertence a uma família conhecida como arenavírus. Os vírus dessa família são visualizados, no microscópio, como formas circulares com pequenos grânulos no interior, por isso foram batizados como arenosos, na forma latina: arena, daí arenavírus. Em setembro de 2008, a moradora de uma pequena propriedade agrícola foi transferida de avião para a cidade de Johanesburgo, na África do Sul. O motivo da transferência: havia dez dias que a jovem de 36 anos piorava de um quadro infeccioso com diarreia, vômito e febre. Buscava, agora, ajuda em hospital privado na grande cidade da região. Porém, sem saber, estava infectada por um vírus ainda desconhecido, da família dos arenavírus.[332] Como esses vírus sobrevivem e são eliminados por roedores, o novo inimigo teria infectado a jovem através de algum animal das proximidades de sua propriedade.

Durante o transporte aéreo, um paramédico acompanhou a paciente debilitada, e em diversos momentos manipulou a doente, verificou sua pressão arterial, temperatura e pulsação. Auxiliou também a enferma para tossir e vomitar, aplicando remédios na veia para aliviar seus sintomas. A jovem, com dificuldade de respirar, teve por vários instantes uma máscara de oxigênio ajustada em sua face pelo paramédico de 33 anos. Foi em um desses momentos que o profissional da saúde se infectou pelo vírus da paciente. Ambos tiveram o mesmo destino: a jovem faleceria 48 horas depois, enquanto o paramédico adoeceria 9 dias após o transporte aéreo e morreria em 12 dias.

O novo vírus, ainda não descoberto, mostraria seu enorme poder de contágio.[333] A jovem desembarcada em Johanesburgo foi imediatamente internada em um hospital privado da cidade. A enfermeira responsável pela sua admissão, de 34 anos, avaliou, examinou e ajudou a paciente a limpar-se e a vestir a roupa hospitalar. Esse efêmero contato foi suficiente para líquidos e secreções da doente alcançarem as mãos da enfermeira que adoeceria em 11 dias, e após lutar contra as agressões virais, não resistiria e faleceria em 12 dias. O vírus ainda mostraria maior poder de contágio. Durante as 48 horas que a jovem transferida ao hospital agonizava em seu leito, uma faxineira desavisada realizou a limpeza do cubículo em que a paciente estava internada. Durante a limpeza da cama, lixo, mobília e utensílios com secreções da paciente, o vírus alcançou a mão da faxineira, que, após adoecer em 13 dias, teria o mesmo destino que as outras vítimas. O quinto caso da epidemia veio de outra enfermeira, que cuidara do paramédico internado. Ela também atendeu e recebeu o paciente na internação, porém, sua sorte foi ser a última pessoa a se infectar pelo novo vírus, porque a essa altura os médicos já haviam descoberto a epidemia em curso. Assim, os médicos forneceram à enfermeira medicação antiviral, que conteve a agressão do vírus e fez dela a única sobrevivente.

Por todo esse tempo, o novo vírus poderia ter atingido familiares dos infectados. O paramédico, as enfermeiras e a faxineira permaneceram em casa durante os primeiros dias dos sintomas, eliminando vírus nas secreções e líquidos. Conforme pioravam, eliminavam maior número de vírus que poderiam ter se alastrado. Os médicos sul-africanos enviaram amostras de sangue dos doentes para laboratórios especializados nos Estados Unidos, que descobriram o novo vírus da família arenavírus. Quem disse que estamos livres de surgir um vírus com elevado contágio e letalidade? E de que este seja transportado por um viajante e inicie uma pandemia? Nesse caso, se engana quem acredita que isso só é possível no interior selvagem da África. Apesar da raridade, tivemos um pequeno exemplo aqui mesmo, no Brasil, bem próximo à cidade de São Paulo.

NOVOS VÍRUS DESCOBERTOS NA AMÉRICA

Enquanto na África predominam alguns tipos de arenavírus, na América do Sul foram encontrados outros vírus dessa mesma família. Todos em roedores do mato à espera do momento ideal para saltarem nos humanos, bem como, com risco de atingirem os familiares dos enfermos enquanto manipulam suas secreções até a ida ao pronto-socorro, como já foi descrito aqui. Esses vírus sul-americanos causaram doenças humanas na Bolívia, Argentina, Venezuela e Brasil. Tudo leva a crer que inúmeros outros vírus ainda desconhecidos emergirão a qualquer momento, e, pior, com potencial de epidemia.

O risco que corremos foi revelado em uma jovem de 25 anos internada em São Paulo, em 1990. A moça foi admitida com febre, diarreia, vômitos e lesões cutâneas hemorrágicas que revelavam a ruptura de pequenos vasos sanguíneos. A jovem não resistiu ao quarto dia da doença: a infecção viral fulminante destruiu seus órgãos e culminou em óbito.[334] Os médicos brasileiros insistiram em esclarecer qual infecção estaria por trás daquele quadro catastrófico. O sangue colhido foi enviado para laboratórios especializados, que descobriram um novo vírus da família arenavírus. A explicação da infecção não poderia ser outra: a jovem se contaminara pelo contato com secreções eliminadas de algum roedor, e, a única ocasião possível seria durante uma de suas visitas à casa dos pais no Jardim Sabiá, em Cotia. Daí o nome do vírus recém-descoberto: vírus Sabiá.

Esse caso surpreendeu o meio médico, afinal, um vírus letal e contagioso descoberto não nas áreas florestais distantes e virgens, mas a apenas 20 km da cidade de São Paulo. O vírus infectara dois profissionais de laboratório que manusearam amostras de sangue da doente sem os cuidados adequados.[335,336] Porém, um quarto doente, de 32 anos, operador de máquina processadora de café, também adoeceu em Espírito Santo do Pinhal, estado de São Paulo.[337] A evolução seria a mesma: destruição dos vasos sanguíneos, sangramentos pelo pulmão, mucosas nasais e orais, e óbito no sétimo dia da doença. Livramo-nos, novamente, do risco de os líquidos e as secreções desses pacientes transmitirem a doença àqueles com quem mantiveram contato, como familiares ou profissionais da saúde.

O Ministério da Saúde da Bolívia convive com focos humanos de febre hemorrágica oriunda do vírus Machupo, de roedores da área rural. Porém, uma nova descoberta revelaria os perigos desconhecidos da biodiversidade americana, assim como o ocorrido com o nosso vírus Sabiá. Na região central da Bolívia, escorrendo pela borda oriental da Cordilheira dos Andes, chegamos ao pé das montanhas com vilas e vilarejos de comunidades que se sustentam com as plantações de coca. Foi nessa região que alguns casos de febre hemorrágica surgiram entre seus moradores. As autoridades de saúde não conseguiram documentar o real número de casos e extensão da epidemia em razão da precariedade da região. Apesar disso, coletaram sangue de um jovem de 22 anos, agricultor e alfaiate da vila, nos momentos finais da doença. A amostra sanguínea enviada a um laboratório especializado revelou um novo arenavírus.[338] Por diversas vezes, doentes eliminaram vírus nas secreções e líquidos que poderiam atingir médicos, enfermeiras e familiares. Este fato ocorreu próximo ao rio Chapare, daí o nome do novo vírus descoberto: vírus chapare.

Arenavírus conhecidos e outros, aguardando serem descobertos, estão por aí. Roedores do Velho e Novo Continente albergam esses vírus potenciais em infectar humanos que, se não suspeitados, contaminam outras pessoas. Uma provável epidemia, e, talvez pandemia, pode surgir pelos vírus africanos que acometem muitas pessoas todos os anos, porém, o risco também está aqui, bem próximo de nós, em algum lugar das matas e campos americanos.

UM VÍRUS AVANÇA NO LESTE EUROPEU

Outro vírus hemorrágico espreita a humanidade e também desponta como candidato a globalização. Sua descoberta ocorreu durante os anos tumultuados da Segunda Guerra Mundial, quando a região da Crimeia foi invadida e ocupada pelas tropas que exibiam bandeiras com a suástica, em 1941. Hitler avançava seu exército pela região. Resultado desse cenário de guerra: campos agrícolas devastados e abandonados na Crimeia, cuja população estava preocupada apenas em tentar sobreviver. As áreas agrícolas foram invadidas pelo matagal, e os animais, antes caçados, proliferaram-se pelo mato que avançava na retaguarda dos nazistas.

O terreno da epidemia desse novo vírus hemorrágico era preparado enquanto pelotões nazistas se deslocavam pela península da Crimeia. A população migrava pelas regiões, refugiados buscavam áreas seguras, grupos de resistência se deslocavam para a próxima investida, cidades resistiam temporariamente ao cerco nazista. Com toda essa balburdia, o campo respirava aliviado das agressões dos arados humanos: o mato crescia. A caça foi suspensa, e os animais puderam presenciar as proles vingarem: o número de lebres atingiu as alturas na época da ocupação nazista.

A receita estava criada para a epidemia de 1944. Um vírus hemorrágico, ainda desconhecido, circulava entre os carrapatos que se disseminaram devido ao aumento dos animais da região, principalmente de lebres. O vírus ganhava terreno na Crimeia, no corpo dos carrapatos, e conquistava a península enquanto homens se digladiavam. A extensão do problema só veio à tona quando as tropas soviéticas reconquistaram a região em 1944. Nesse ano, o cotidiano retornaria ao normal com a retirada do mato que crescera para retomarem as tarefas agrícolas e caça. Então, a população entrou em contato com carrapatos infectados pelo vírus, que se aderiram aos humanos, e pela sua mordida inoculavam o vírus: surgiu a epidemia de febre hemorrágica. O vírus descoberto foi batizado como vírus da febre hemorrágica da Crimeia. Porém, 12 anos depois, foi descoberto outro vírus causador da mesma doença na região africana do Congo, e os trabalhos mostraram que se tratava do mesmo vírus. Assim, seu nome foi rebatizado para vírus da febre hemorrágica da Crimeia-Congo.

Nas últimas décadas, o vírus avança para novos territórios dos continentes africano, asiático e europeu. Os carrapatos o albergam e transmitem para animais selvagens ou de criação. Casos humanos ou, até mesmo, epidemias, surgem com frequência. Os doentes apresentam sintomas iniciais semelhantes aos descritos para os outros vírus das febres hemorrágicas: febre, mal-estar, cansaço, náusea, vômito, dor de cabeça e dores musculares. A próxima etapa da doença surge com lesões nos vasos sanguíneos e órgãos importantes: sangramentos nasais, orais, pulmonares e intestinais. Entre 20% e 35% dos doentes morrem, direta ou indiretamente, pelos sangramentos. Durante esse tempo de doença, os líquidos e secreções portam quantidades virais que, a exemplo do que já foi citado, podem transmitir a doença aos familiares que mantêm contato com o doente, ou trabalhadores dos hospitais. Por isso, poderá se tornar uma pandemia. Quanto mais nações forem afetadas pela doença, maior será a chance de viajantes transitarem com o vírus, e isso já está ocorrendo.

O vírus da febre hemorrágica da Crimeia-Congo, que ataca carrapatos e animais de três continentes, está se expandindo para novas nações pela circulação de animais, tanto de forma natural, quanto através do comércio. O vírus que circula pelo Oriente Médio ganha terreno nos carrapatos da Turquia há anos, e, nessa nação, o número de doentes tem se elevado. As áreas rurais da Turquia encontram dificuldades em conter o avanço viral, que já atingiu países do Leste Europeu. Em 2001, surgiram casos da doença em regiões da extinta Iugoslávia, em Kosovo e Albânia. O vírus conquista o Leste Europeu e pode caminhar em direção a outros países desse continente.[339] Os carrapatos franceses, alemães, espanhóis, italianos, entre outros, estão na mira.[340,341] Do Oriente Médio, o vírus também caminhou em sentido leste. A doença avança pela península arábica, e dos Emirados Árabes e Turquia foi levada para o Leste Asiático. Em 2001, também surgiram ocorrências no Irã e Paquistão, que, desde então, se tornam mais frequentes. Regiões rurais da China já convivem com o vírus, e os carrapatos das nações da Ásia Central serão os próximos alvos.

Quanto maior o número de nações acometidas pelo vírus da febre hemorrágica da Crimeia-Congo, maior será a chance de viajantes infectados levarem a doença para nações distantes, inclusive para as Américas. Além disso, o comércio de animais infectados também poderá carregá-lo para regiões virgens da doença. Já são trinta países que descrevem a presença do vírus em seu território, e incluem nações do Leste Europeu, Ásia e África.[342] A exemplo das doenças vistas anteriormente, a febre hemorrágica pelo vírus da Crimeia-Congo é candidata à globalização e pandemia. No momento, o microrganismo ganha terreno e se prepara para transpor o Atlântico oculto no corpo de algum passageiro acomodado em uma aeronave ou em algum animal empilhado no porão de alguma embarcação.

Caso surja alguma pandemia por esses vírus hemorrágicos, o controle será fácil. Basta que os doentes sejam isolados para não haver contato com seus líquidos e secreções. A transmissão aérea pela fala, tosse ou espirro é extremamente rara, o que dificulta a disseminação viral. No início dessa pandemia fictícia, o vírus se disseminaria enquanto médicos não suspeitassem do problema. Após a descoberta viral, a pandemia seria controlada com extrema facilidade pelo isolamento dos novos doentes. Porém, o pânico pela infecção altamente letal desencadearia um drama que já descrevemos nas páginas deste livro.

A PRIMEIRA GUERRA BIOLÓGICA

A peste negra de 1348 nasceu na cidade de Kaffa, na Crimeia. Os genoveses combateriam os tártaros invasores na disputa pela cidade quando eclodiu a doença. Na batalha, os tártaros arremessavam os corpos dos mortos pela doença por cima das muralhas da cidade na intenção de disseminar a epidemia entre os genoveses. Ao partir da região com ratos e pulgas contaminados, embarcações genovesas levaram a doença para a península itálica.

A PRÓXIMA AIDS

As epidemias anuais de poliomielite castigaram a humanidade durante a primeira metade do século XX. Mães, ao notarem febre em seus filhos, se angustiavam para saber o diagnóstico: o fantasma da pólio rondava os lares. Se hoje observamos, tranquilos, as febres infantis como prováveis viroses, não era o que acontecia àquela época em que o vírus da pólio iniciava sua ação com sintomas semelhantes. Os pais aguardavam, apreensivos, o término da doença para se certificarem de que escaparam do flagelo. Muitos sabiam os riscos da pólio, e, uma vez firmado o diagnóstico em seus filhos, torciam para que apresentassem o quadro leve da doença: testemunhavam crianças paralíticas pela agressão viral aos neurônios da medula. Os nervos lesados as deixavam condenadas à paralisia infantil, enquanto a fabricação dos aparelhos ortopédicos se disseminava. Outros doentes tinham paralisias nos músculos respiratórios, que os precipitavam para o uso de máquinas que funcionavam como respiradores artificiais. Sem contar os que não sobreviviam à infecção aguda viral.

A esperança de dias melhores se definhava com o número de doentes se elevando, ano a ano, na primeira metade do século XX. A cada verão, a doença acometia um número maior de crianças, até que os Estados Unidos presenciaram a pior epidemia, em 1952, quando mais de 57 mil casos de pólio foram registrados.[343] O futuro da situação seria catastrófico se algo não fosse feito o mais rápido possível, e, naquele momento, a esperança em combater a doença estava em um laboratório da Universidade de Petersburgo, Pensilvânia, sob o comando de Jonas Salk.

Salk especializara-se em virologia, adquirira experiência em manipulação viral, e até mesmo tentara desenvolver uma vacina contra o vírus da gripe, *influenza*, durante a Segunda Guerra Mundial.[344] O conhecimento e a experiência de Salk foram absorvidos em 1948, quando convidado para chefiar o recém-criado laboratório da Universidade de Petersburgo. Ele passou a ser o responsável pelos estudos científicos do vírus da pólio, principalmente os diferentes tipos que circulavam nos Estados Unidos. Munido de seu arsenal laboratorial, Salk também buscava a produção de uma vacina. Para isso, despejava vírus que se replicavam em células dos rins de macacos, e, o caldo retirado dessas culturas fornecia enormes quantidades de vírus que, mergulhados em formaldeído, eram destruídos. Assim, Salk tinha à mão quantidade suficiente de vírus inativado para as pesquisas na produção da vacina. Então, com a epidemia de 1952, Salk, aos 38 anos de idade, mergulhou no aprimoramento do protótipo da vacina: não havia mais tempo a perder, as epidemias de pólio avançavam a cada ano.

Em um ano, Salk apresentou o teste inicial. Seu vírus inativado, injetado em quase duzentas crianças, não causou reações indesejáveis e, principalmente, não precipitou a doença. Agora, o cientista estava pronto para produzir grandes quantidades da vacina e testá-la em um grupo maior de crianças: até então seria o maior estudo científico envolvendo milhares de crianças vacinadas, pessoas da área de saúde e instituições médicas. Mais de um milhão de crianças americanas foram convocadas para receber injeções com a vacina de Salk ou placebo, e, além disso, outro milhão foi apenas observado. O resultado do estudo, realizado durante o ano de 1954, não deixou dúvidas e foi divulgado em abril de 1955: a vacina de Salk protegia quase 90% dos vacinados contra o vírus da pólio.

A descoberta percorreu o mundo pelos rádios e jornais. A vacina foi aprovada e licenciada no mesmo dia da divulgação do resultado. Os laboratórios começaram a produzi-la em larga escala para abastecer os Estados Unidos e exportar para diversas nações que já a haviam encomendado. Jonas Salk se tornou herói internacional, e seu rosto ficou conhecido no mundo inteiro. A imagem de Salk estamparia a capa de jornais e revistas, medalhas, selos, fotografias com chefes de estado, e programas de televisão. Sua vacina reinou absoluta até 1961, quando começou a ser suplantada pela vacina oral com vírus atenuado de Albert Sabin, que mostrou ser muito mais barata e de fácil administração. Hoje estamos acostumados às gotinhas da vacina oral da pólio, mas, no início, as adicionavam em cubos de açúcar ofertados e adorados pelas crianças. Apesar do sucesso internacional da vacina de Salk, havia algo desconhecido na sua formulação: a vacina não teria só louros.

Após quatro anos da descoberta, em 1959, enquanto Salk aparecia na mídia internacional e sua vacina ganhava o mundo, algo estranho atormentava a pesquisadora Bernice Eddy, do Instituto Nacional de Saúde americano. Eddy, na bancada de seu laboratório, examinava as células do rim de um macaco rhesus ao microscópio quando se surpreendeu com o que visualizou: as células renais morriam sem alguma causa aparente, e o aspecto patológico das células sugeria ação por algum vírus desconhecido. Eddy sabia que isso seria apenas a ponta de um imenso iceberg, pois aquelas células renais eram as mesmas utilizadas na fabricação das vacinas de Salk, e, se a sua suspeita estivesse correta, milhares de pessoas vacinadas naqueles quatro últimos anos poderiam estar infectadas por aquele vírus misterioso dos macacos, com consequências imprevisíveis.

Eddy precisava de mais estudos para confirmar seu receio. Recolheu estratos das células renais e os inoculou na pele de filhotes de cobaia para avaliar os efeitos daquele possível vírus. Após nove meses de observação, o experimento trouxe nova onda de pânico à pesquisadora americana: quase todos os animais desenvolveram câncer no local da inoculação. Agora, havia fortes indícios não só da presença de um vírus desconhecido como de seu poder para gerar câncer. As vacinas de Salk estariam contaminadas por aquele vírus que passara despercebido nas células renais dos macacos rhesus utilizadas para sua fabricação. E, pior, naquela época o número de vacinados pelo planeta já passava de cem milhões. Enquanto os superiores de Eddy, alertados sobre o estudo, amenizavam ou menosprezavam esses resultados,[345] uma dupla de pesquisadores do Laboratório Merck, na Pensilvânia, conseguiu isolar e descobrir o vírus nas células renais dos macacos rhesus, comprovando a hipótese de Eddy.[346] Foi o quadragésimo vírus descoberto em primatas, e por isso recebeu o nome de vírus Símio número 40, sigla: SV40.

Com a descoberta do SV40, os laboratórios foram alertados e obrigados a produzir vacinas com rigoroso controle de qualidade e livres da presença viral. As vacinas orais de Sabin também estavam contaminadas. Passada essa primeira década debutante da vacina contra a pólio, as gerações futuras ficariam livres do vírus: a partir de 1963 não houve mais vacina contaminada com o SV40. Porém, a dúvida em relação ao futuro daqueles milhares inoculados acidentalmente com o SV40 persistiria por anos: desenvolveriam alguma infecção ou tumor? Os primeiros estudos mostravam ausência de câncer ou qualquer doença nos vacinados, o que tranquilizou o meio médico. Conforme os anos se passavam, as crianças vacinadas atingiam a adolescência e, depois, a idade adulta com notícias confortantes: ausência de infecções ou tumores. Porém, a partir da década de 1980, surgem trabalhos que mostravam a presença do material genético do SV40 no interior de tumores diagnosticados. Surgiu a hipótese de que o DNA do SV40 pudesse alterar as células humanas e precipitar o aparecimento de câncer. Alguns cientistas alegavam que o SV40 seria responsável pelo surgimento de determinados tipos de tumores ósseos, cerebrais e linfomas.

Até hoje existe controvérsia se o SV40 é responsável por esses tumores, embora a enorme maioria dos pesquisadores mostre indícios de ser inofensivo ao homem.[347] O SV40 introduzido na humanidade pelas mãos humanas permanece nos dias atuais, indicando uma provável transmissão entre pessoas.[348] Pela primeira vez a ciência reconhecia, no início da década de 1960, a chance de humanos serem infectados por vírus provenientes de macacos. Depois disso, surgiu a aids, que revelou o risco de adquirirmos vírus de macacos com capacidade de permanecer na humanidade sob a forma de uma nova doença. E, hoje, conhecemos a possibilidade de novos vírus Símios atingirem o homem com probabilidade de futuras doenças e pandemia. Isso tudo veremos a seguir.

OS PERCALÇOS DAS VACINAS

A ciência enfrentou diversas tragédias até chegar à segurança atual das vacinas. Podemos relatar um pequeno currículo negativo de sua história:[349]

- Na primeira vacina contra varíola, no século XVIII, agulhas retiravam secreção de bolhas do braço de vacinados para inoculá-la em outras pessoas, o que transmitia a sífilis.
- A primeira vacina contra a raiva, no final do século XIX, era contaminada com substâncias cerebrais dos coelhos utilizados para produzi-la, e isso desencadeava paralisias em cerca de 0,5% dos vacinados.

- Na década de 1940, a vacina contra a febre amarela contaminada com soro de paciente portador de hepatite B causou esta doença em 300 mil militares vacinados, levando 60 à morte.
- Na década de 1950, surge a vacina contra o sarampo, que, no início, por conter um vírus pouco atenuado, causava reação violenta de febre, e, muitas vezes, a própria doença nas crianças.
- Na década de 1960, o uso de células fetais humanas para fabricação de vacinas gerou críticas ferozes da Igreja.
- Os experimentos realizados em crianças com deficiência mental geraram descontentamento da população e críticas contra o ato desumano. Sessenta crianças mentalmente deficientes da Escola Estadual de Willowbrook receberam alimentos, propositalmente contaminados com vírus da hepatite A, para comprovar essa rota de transmissão. Anos depois, o soro de um paciente com hepatite B seria injetado na veia de 25 crianças dessa escola para também comprovar a transmissão. Nos anos 1950, crianças com retardo mental receberam alimentos marcados com cobalto radioativo para rastrear e estudar a sua absorção.

A CONQUISTA DA ÁFRICA

Apesar do SV40 invadir o homem na segunda metade da década de 1950, foi no início do século XX que o pior vírus Símio atingia o homem de maneira ainda despercebida. Em 1900, a cidade de Leopoldville, no então Congo Belga, crescia a passos largos. Fundada em 1881 pelo explorador africano Henry Morton Stanley, sob o comando do rei da Bélgica, Leopoldo II (daí o nome da cidade), Leopoldville servia como entreposto comercial de mercadorias que chegavam e partiam para a Europa. A colônia particular do rei belga fornecia marfim retirado das presas dos animais e látex das seringueiras da floresta congolesa. O látex se tornou valioso pelos avanços químicos que melhoraram a qualidade da borracha, que deixou de amolecer no calor e ser quebradiça no frio. Isso veio em boa hora, com sua utilização em cabos de telégrafos, capas, botas etc. Assim, o preço do látex disparou para felicidade das nações ricas em seringueiras. Olhos ambiciosos por lucro se voltavam para as florestas tropicais brasileiras e africanas. No Brasil, em 1876, o inglês Henry Wickham conseguiu conservar setenta mil sementes de seringueira entre folhas de bananeira e despachá-las ocultamente em embarcação de Santarém à Inglaterra: seriam semeadas no Ceilão e Malásia para desgosto da economia amazônica.[350] Uma década depois, era a vez de Leopoldo II apossar-se da bacia do rio Congo, rica em seringueiras, através de manobras políticas entre chefes de estados europeus e os Estados Unidos. Iniciou, assim, a rentável exploração de toneladas de látex e marfim.[351]

UMA CIDADE PERDIDA NA AMAZÔNIA

Em 1927, o rei da indústria automobilística, Henry Ford, adquiriu uma ampla porção de terra da floresta Amazônica, ao sul de Santarém, nas margens do rio Tapajós. A então chamada Fordlândia seria uma cidade industrial para extração de látex das seringueiras, a fim de evitar os preços exorbitantes da borracha das colônias britânicas. Porém, a empreitada milionária de Ford fracassou diante da área inóspita aos seus funcionários, do mau planejamento e das diferenças culturais com os nativos amazônicos.[352]

O rei belga impôs uma exploração altamente eficaz e econômica. Africanos escravizados e ameaçados entravam nas matas em busca do precioso látex. Como ter certeza que retornariam? Suas mulheres e filhos permaneciam reféns das tropas belgas e, além disso, aqueles que não trouxessem a cota exigida de látex eram mortos ou tinham as mãos decepadas como castigo.[353] Foi nessa circunstância macabra, ocultada das nações europeias contrárias à escravidão, que a cidade de Leopoldville crescia. Em 1898, os belgas terminam a construção da estrada de ferro, que, desviando das cataratas do rio Congo, uniu Leopoldville ao litoral com maior velocidade: a cidade cresceria mais ainda.[354] No início do século XX, com menos de dez mil habitantes, a cidade já era um dos maiores postos de troca de mercadorias da região recebendo embarcações de lugares distantes, inclusive do sul de Camarões, onde se acredita que surgiu outro vírus transmitido dos macacos ao homem, o vírus da aids. Camarões forneceria a aids ao homem, enquanto o Congo Belga catalisaria sua epidemia.

Hoje sabemos que o vírus da aids, o HIV (vírus da imunodeficiência humana), originou-se do vírus presente nos chimpanzés, SIV (vírus da imunodeficiência do Símio). Os chimpanzés portadores do SIV geneticamente mais semelhante ao HIV habitam as florestas de Camarões, portanto, foi nessa nação ou nas redondezas que a doença teria nascido. Enquanto Leopoldville crescia, no início do século XX, caçadores camaroneses entravam nas matas para abater chimpanzés: eram alimentos constantes à mesa de refeição. Nessas incursões não faltou oportunidade dos caçadores entrarem em contato com o sangue contaminado pelo SIV desses animais. Os camaroneses recebiam mordidas e arranhões dos chimpanzés, se tingiam com o sangue dos animais destrinchados com facões, e ensanguentavam as mãos ao manipularem os pedaços de carne recolhidos e ensacados. Por diversas vezes o sangue dos chimpanzés alcançava ferimentos cutâneos ou mucosas humanas. Foi dessa forma que o vírus SIV presente no sangue desses chimpanzés camaroneses invadiu caçadores e originou o HIV.

Os caçadores infectados levaram o vírus para vilas e vilarejos, e daí foi levado por viajantes pelas bacias hidrográficas africanas para Leopoldville. Por quê? É dessa cidade que temos a prova dos dois mais antigos pacientes infectados pela aids. A ciência consegue, pela tecnologia atual, encontrar vestígios do HIV em amostras de sangue conservadas em *freezer* desde 1959, e em tecido de biópsia de gânglio linfático preservado em parafina desde 1960: ambos de Leopoldville.[355,356] Além disso, as diferenças genéticas de ambos os vírus apontam a origem do HIV ao redor do ano de 1900, período em que o vírus já estaria presente em alguns transeuntes. O número de doentes se iniciou timidamente entre os habitantes, porém Leopoldville tinha tudo para crescer de tamanho e, com isso, vivenciar o que toda cidade grande oferta para a disseminação da aids, principalmente somado a outros problemas do início daquele século. Foi o que ocorreu.

No intervalo de trinta anos, a cidade com menos de 10 mil habitantes passaria a quase 50 mil. Outras cidades da região também teriam esse crescimento urbano: Douala, em Camarões, duplicaria sua população para 40 mil habitantes. Além disso, no final da década de 1920, Leopoldville já presenciava o crescimento de um tipo de comércio característico das grandes cidades e grande aliado do vírus da aids: a prostituição. Na parte leste da cidade, moravam cerca de 6 mil mulheres, 45% eram prostitutas que se ofertavam aos moradores e viajantes. A relação sexual já seria suficiente para a proliferação do vírus da aids, porém, àquela época havia outro agravante: as doenças sexualmente transmissíveis. Estávamos na era anterior à descoberta da penicilina e, portanto, não havia cura efetiva para sífilis e cancro. Ou seja, entre 5% a 10% da população portavam essas doenças, que causavam feridas nas regiões genitais, que hoje sabemos, elevam enormemente o risco de transmissão da aids. Assim, o vírus HIV disseminou-se extraordinariamente pelo Congo, Camarões e Gabão, ao mesmo tempo em que rumava para outras nações africanas.

Nas décadas seguintes, não faltaram oportunidades para o vírus se espalhar pela África. Migração de refugiados pelas rebeliões contra governos colonialistas, guerras de independência seguidas de guerras civis arrastaram o vírus pelas fronteiras. Urbanização com prostituição, refugiados de guerra e êxodo rural criaram caldeirões fornecedores do vírus. Além dos estupros decorrentes das guerras, havia a administração de medicação com agulhas não esterilizadas e transfusões sanguíneas. A aids, disseminada pela África, foi exportada ao mundo uma década antes de ser descoberta: já circulava nos Estados Unidos e no Brasil nos anos 1970.[357,358] O resto da história já sabemos. O que pode ser novidade para muitos é que podemos ter outras pandemias por novos vírus, semelhantes ao da aids, que estão nas florestas africanas aguardando o momento de deixar os macacos rumo ao homem. Da mesma forma que o vírus da aids nasceu, podem surgir novas pandemias. Como? Vejamos o cenário atual.

UMA DROGA RESSUSCITADA

O famoso remédio AZT para tratamento da aids, ao contrário do que muitos acreditam, não foi desenvolvido na época do surgimento da epidemia, na década de 1980. O AZT já existia no mercado desde os anos 1950, e pela capacidade de destruir células tumorais era indicado no tratamento de câncer. Porém, a droga teve uma vida muito curta: foi abandonada nas prateleiras por causa da sua enorme toxicidade. Seu futuro tenebroso sofreu uma guinada do fracasso para o sucesso com a epidemia da aids. O AZT foi ressuscitado pelos trabalhos que mostraram sua eficácia em combater o novo vírus e, diante do pânico da epidemia, foi aprovado para uso em apenas 19 meses.[359]

Diferentes tipos de SIV infectam diversas espécies de macacos na África. De uma maneira geral, cada espécie de primata apresenta o seu tipo específico de SIV, que são classificados pelas diferenças do material genético, o RNA. Dessa forma, cientistas conseguem identificar e classificar o SIV do chimpanzé, do gorila, do colobus, do babuíno, do macaco mangabey, do mandril, do macaco talopoin, do macaco-mona, do macaco guenon, do macaco de bigode, do macaco de Brazza, e assim por diante.[360,361,362] Isso demonstra que a infecção pelo SIV em cada espécie de primata vem ocorrendo há milhões de anos, e, até mesmo, é provável que muitas espécies tenham surgido e evoluído já com a presença do seu tipo específico de SIV. Por isso, esses vírus convivem nos primatas e raramente causam doença: coevoluíram com esses animais.

Além disso, há indícios de que o SIV de uma espécie de macaco possa infectar e permanecer em outra espécie. Da mesma forma que o SIV do chimpanzé atingiu o homem e originou o vírus HIV, macacos africanos podem se infectar com o SIV de outras espécies através de brigas, mordidas, manipulação de carcaças, ingestão de carne, e, quem sabe, líquidos e secreções. Um exército de vírus Símios se prolifera entre diversas espécies de macacos, e também se transpõe para novas espécies. Os vírus desse mesmo exército sofrem mutações e evoluem há milênios, de tal forma que os vírus atuais são diferentes daqueles do passado longínquo.

Isso tudo é exemplificado no próprio vírus que originou a aids. A comparação genética de vários SIV que circulam entre macacos, aqueles que originaram a aids, mostra que esse vírus começou a circular nos chimpanzés a partir do final do século XV.[363] Isso não quer dizer que esses animais não tinham SIV antes desse período, provavelmente portavam SIV diferentes que sofreram mutações para novas formas, talvez bem mais contagiosas, e que se espalharam entre os chimpanzés com mutações até os dias atuais. Além disso, encontramos SIV em gorilas que deve ter se originado de chimpanzés, o que mostra que seu vírus atingiu e permaneceu, de alguma maneira, nos gorilas.[364] O próprio vírus da aids apresenta diferenças genéticas que o classificam nos tipos HIV-2 e HIV-1. Esse último, responsável pela pandemia atual, também é dividido em tipos N, M e O. Alguns tipos de HIV se originaram do vírus dos chipanzés, outros vieram dos macacos mangabey, e talvez um tipo humano tenha vindo do SIV do gorila. Conclusão: no vasto império das espécies de macacos africanos existem vários tipos de SIV se disseminando entre seu animal específico e invadindo espécies diferentes, sofrendo mutações e transformações. E no olho desse furacão está o homem, se intrometendo nesse vai e vem viral através da caça dos macacos. O risco de entrarmos em contato com um novo SIV é grande.

A PRÓXIMA AIDS

Para adquirir um novo SIV seria necessário ocorrer uma mutação capaz de torná-lo infectante ao homem, e, de preferência, com capacidade de ser transmitido de pessoa a pessoa. Isso o faria responsável por uma nova epidemia humana: afinal foi o que ocorreu com a AIDS. Existem mais de trinta tipos diferentes de SIV entre primatas africanos, que sofrem mutações a todo momento. Portanto, não seria difícil imaginar a possibilidade de uma nova forma mutante capaz de atingir o homem. Isso pode estar ocorrendo nesse exato momento em alguma região remota e isolada da África. Pelo menos foi isso que um grupo de pesquisadores americanos encontrou. Submeteram células de defesa humanas ao contato com 16 tipos diferentes de SIV para avaliar sua capacidade de invadir nossas células. Desses, 12 tipos se aderiram às membranas das células humanas nas placas do laboratório, e conseguiram invadi-las.[365] Isso quer dizer que há vírus Símios conhecidos, e, provavelmente, vários ainda desconhecidos capazes de reconhecer e invadir células humanas. E mais ainda, 11 desses vírus invasores também se multiplicaram no interior das células humanas: tinham plena capacidade de permanecer ativos no homem. Quantos mais existem nas matas africanas?

Outro fator necessário para ocorrer o nascimento dessa fictícia epidemia seria entrarmos em contato com tal vírus, e, para isso, não falta oportunidade na frequente caça aos macacos entre as tribos africanas, bem como no constante hábito da criação de macacos de estimação. Só para citar um exemplo, em 2002, cientistas resolveram quantificar o número de macacos portadores de SIV que eram caçados ou criados entre as tribos de Camarões. Para isso, recolheram amostras de sangue de mais de setecentos primatas da região e as submeteram a exames em busca de indícios de infecção pelo SIV. O resultado mostrou o enorme risco oculto nas florestas camaronesas: 16% das amostras mostraram indícios da presença de algum tipo de SIV.[366] Para uma epidemia, basta a mutação em algum desses vírus que os tornem capazes de infectar e permanecer no homem. Além disso, pesquisadores encontraram mais quatro novos tipos de SIV, até então desconhecidos, o que abre a discussão de quantos mais circulam pelas florestas africanas nesse exato momento. Também encontraram mais quatro espécies de macacos infectadas que até então não se tinha comprovação: naquele ano elevou-se para trinta o número de espécies de macacos infectadas pelo SIV. Com tantos vírus Símios correndo pelo sangue e líquidos dos macacos africanos abatidos pela caça manipulados por mãos humanas, não seria esperada a frequente infecção humana? Quem sabe isso não ocorre muito mais vezes do que imaginamos? O difícil é se embrenhar nas florestas africanas e coletar sangue humano para estudo, sem contar a dificuldade em estudar os primatas silvestres. Porém, nos raros momentos que conseguimos isso, surgem surpresas que alertam a possibilidade de uma nova epidemia humana por algum SIV mutante. Foi o que mostrou a pesquisa de um grupo de cientistas, e, novamente, nas matas do Gabão e de Camarões.

Os pesquisadores encontraram um novo tipo de SIV infectante em um grupo de macacos mandril das florestas do Gabão e Camarões. Esses macacos já portavam seu próprio SIV e, agora, descobria-se outro tipo viral circulando entre eles. É a prova de que o SIV de outra espécie de primata pode invadir e permanecer em novos macacos. O mandril mostrou ser o único primata portador de dois vírus Símios: um SIV específico coevoluindo com a espécie há milênios, e outro, provavelmente recém-infectado, originário de outro tipo de macaco, suspeita-se, do macaco dourado. Porém, a surpresa maior veio de uma amostra de sangue colhida e preservada anos atrás. Um homem de 65 anos fora atendido em uma clínica ao sul de Camarões, mas seu paradeiro se perdeu. A amostra de seu sangue, preservada, revelou sorologia positiva para o HIV-2, tipo raro da aids. Apesar disso, a sorologia não se mostrava plenamente conclusiva para tal vírus, havia algo estranho no resultado. Os pesquisadores, então, testaram partes do vírus recém-descoberto do mandril na amostra sanguínea e veio a surpresa: seu sangue reagia fortemente contra fragmentos do novo vírus.[367] O africano fora infectado pelo SIV do mandril provavelmente pelo contato com seu sangue durante a caça. Perdemos o paradeiro desse senhor de 65 anos, porém, surge a pergunta: Quantos mais portam algum tipo de SIV?

Uma nova doença humana emergida por algum desses tipos de SIV mutantes traria uma epidemia semelhante à aids, transmitida pela relação sexual? A diferença seria em seu comportamento imprevisível. O contágio seria mais fácil do que a aids? Se assim for, sua transmissão facilitada precipitaria uma epidemia muito mais veloz do que foi a da aids. Poderia favorecer o surgimento de algum tipo de tumor? O HIV favorece o surgimento do sarcoma de Kaposi na pele dos acometidos e linfoma; quais tumores o novo vírus poderia nos trazer? A progressão da doença seria a mesma da aids? Pode ser que tal vírus levasse aos sintomas da doença de uma maneira mais rápida, o conhecido "período de incubação" seria curto? As drogas atuais para a aids seriam eficientes para o novo vírus?

Até o momento temos apenas uma certeza: vários tipos diferentes de SIV circulam por diversas espécies de macacos africanos, sofrem mutações a todo instante, e caçadores entram em contato com o sangue contaminado se expondo aos vírus mutantes. Enquanto isso ocorre, um outro vírus presente nos macacos também desponta como provável responsável por uma próxima pandemia, e no seu caso, as infecções humanas ocorrem com maior frequência.

CONDENADOS À PENA DE MORTE

As doenças infecciosas dizimam populações nos países em desenvolvimento. O número de mortes por doenças promovidas pela pobreza supera o de qualquer catástrofe natural ou atentado terrorista:[368]

- Diarreia infecciosa: 1,5 milhão de mortes por ano.
- Sarampo: 160 mil mortes anuais.
- Malária: 1 milhão de óbitos a cada ano.
- Aids: 2 milhões de mortos por ano.
- Tuberculose: um infectado a cada segundo e 1,3 milhão de óbitos por ano.

MACACOS FORNECEM NOVOS VÍRUS

Outro candidato à pandemia é parente de um vírus já presente no homem há milênios. Apesar disso, habita macacos que também podem nos ofertar formas novas ou mutantes, com consequências imprevisíveis.

Essa família de vírus é conhecida pela sua peculiaridade em reconhecer e invadir determinadas células de defesa (linfócitos tipo T), e, além disso, está presente entre os primatas. Portanto, recebem a sigla inglesa PTLV, referente a "vírus linfotrópico de célula T dos primatas". Nesse vasto grupo, existem aqueles específicos do homem e os do macaco, por isso mudamos o P, de primatas, para S, Símio, ou H, humano.[369] Assim, são classificados naqueles que estão presentes nos macacos em STLV, enquanto nos humanos em HTLV. Novamente são essas formas STLV dos primatas que, a exemplo do SIV, podem desencadear uma pandemia. Porém, antes vamos saber do HTLV que já causa uma pandemia.

Na década de 1970, pesquisadores já conheciam vírus em diferentes animais que causavam tumores, apenas não sabiam que o homem poderia portar um desses tipos de vírus. Isso foi descoberto em 1979, quando um paciente americano procurou o serviço médico com linfoma na pele. O tumor proliferava na região cutânea com "caroços" emergindo do doente. Um grupo de cientistas conseguiu encontrar uma nova forma viral nas células tumorais do doente; descobria-se, assim, o HTLV tipo 1 (HTLV-1), e, em três anos descobririam também o HTLV tipo 2 (HTLV-2). Não demorou muito para associarem esses dois vírus como causadores de câncer humano. Hoje, vivemos uma pandemia silenciosa pelo tipo mais comum, o HTLV-1, porém, ele já nos atormenta há milênios.

O HTLV-1 provavelmente emergiu com os primeiros hominíneos africanos,[370] enquanto os diferentes tipos de STLV também já coevoluíam nos macacos. Partimos do solo africano, há cerca de cem mil anos, portando o vírus, nos assentamos e colonizamos o planeta com sua presença. Apesar de sua descoberta no final da década de 1970, já estava presente no homem desde o seu surgimento. Com isso, o vírus humano acompanhou toda nossa emigração da África, nossa fixação nas terras férteis e descoberta da agricultura, a ascensão e decadência das civilizações e impérios da Antiguidade, guerras, batalhas, explorações marítimas, colonizações, para finalmente, hoje, estar em todos os continentes.

O HTLV-1 está presente em cerca de vinte milhões de pessoas espalhadas pelos cinco continentes.[371] Sua distribuição não é uniforme, alguns países, principalmente asiáticos, apresentam maior concentração de portadores que outros. Apesar disso o vírus está entre nós, e salta de pessoa a pessoa através de relações sexuais, transfusão de sangue contaminado, seringas não esterilizadas, e de mãe para filho pelo aleitamento materno. Por que ouvimos falar pouco nessa infecção? Porque a maioria dos infectados permanece com o vírus sem desenvolver a doença, são portadores crônicos, e apenas a minoria adoece com consequências graves. Cerca de 1% a 5% dos infectados apresentam lesões no DNA dos linfócitos T invadidos pelo vírus que evoluem para tipos específicos de leucemias e linfomas, enquanto outros evoluem com lesões destrutivas na medula e paralisia nas pernas. A infecção pelo HTLV-2 é mais rara.

PRESERVATIVO INCÔMODO

A origem da palavra "preservativo" (em inglês, *condom*), provavelmente, se originou do termo latim *condere*, esconder, suprimir. Os primeiros preservativos eram feitos das membranas que revestem o intestino de ovelhas, de couro ou de seda. Seu uso para prevenir doenças sexualmente transmissíveis, principalmente sífilis, iniciou-se no século XVII, e o primeiro preservativo feito de borracha surgiu apenas em 1855.

Apesar de evoluirmos com o HTLV-1 há milênios, outros tipos virais desse mesmo vírus nos alcançaram através do contato com o sangue de macacos caçados. Diversos tipos de HTLV-1 humano mostram semelhança com os dos primatas (STLV-1) caçados na África e Ásia. Portanto, temos o nosso HTLV-1 específico dos humanos, e diversos outros tipos de HTLV-1 originados dos STLV-1 de macacos.[372,373] Isso deixa aberta a porta para especularmos quantos outros tipos estariam por aí, no interior das matas, nos atingindo. Até o ano 2004 tínhamos esses dois tipos virais, HTLV-1 e HTLV-2, nos humanos, porém, a história estava prestes a mudar com um grupo de pesquisadores embrenhados nas matas de Camarões.

Um senhor de 62 anos, habitante de uma tribo de Camarões, teve sua veia puncionada e a amostra de seu sangue coletada por um grupo de cientistas. A orientação que recebera era de que o estudo fora respaldado pelo Ministério da Saúde do país, e isso mostrava as boas intenções para com os habitantes menos favorecidos da região. Por que seu sangue seria tão valioso àqueles homens trajando aventais brancos? Outras 240 pessoas de tribos vizinhas também tiveram seu sangue coletado, e todos tinham frequente contato com macacos da região. Macacos caçados, destrinchados e carcaças manuseadas forneciam sangue, enquanto macacos criados como animais de estimação ofertavam saliva, urina e fezes, além de mordidas e arranhões. Os pesquisadores franceses se surpreenderam com a amostra, mas as reações sorológicas não eram conclusivas. Os testes posteriores mostraram a descoberta de mais um vírus humano, o HTLV-3,[374] e, em três anos, encontrou-se mais dois africanos portadores desse vírus.[375]

Enquanto sabemos os riscos e a evolução dos dois primeiros vírus descritos no início da década de 1980, nada sabemos ainda em relação ao

HTLV-3, em razão da sua recém-descoberta. Sabíamos apenas da possibilidade da sua presença, pois existem STLV-3 nos primatas.[376] Agora precisamos saber a extensão dos casos na África, bem como os meios mais eficientes de sua transmissão entre humanos, se trazem tumores aos infectados, qual a porcentagem de infectados que adoece etc. Porém, o trabalho será dobrado, pois ao mesmo tempo em que se descobria o HTLV-3, outro grupo de cientistas, dessa vez americano, fazia outra descoberta.

Novamente em Camarões, 11 vilarejos das matas foram visitados por homens de branco em busca de sangue nativo. Dessa vez a descoberta veio do sangue de um camaronês de 48 anos que já alertou o que os pesquisadores esperavam: caçava macacos, com consequentes mordidas, arranhões e banhos de sangue para destrinchar suas carcaças. O teste realizado, no sangue do caçador, e posteriormente refeito, não deixou alternativa aos cientistas: descreveram a descoberta de outro vírus, o HTLV-4.[377] E o pior, não havia, até então, um STLV-4, o que indica que descobrimos o vírus humano antes mesmo de seu parente e, provável origem no macaco. Quantos mais podem estar sofrendo mutações nas florestas tropicais asiáticas e africanas?

Vírus conhecidos, e outros ainda por descobrir, estão circulando nos organismos desses macacos, mas será mesmo tão frequente a contaminação humana pela manipulação dos macacos caçados? Os americanos foram atrás da informação e coletaram, por dois anos, amostras de sangue seco na pele e nas roupas dos caçadores que retornavam às vilas após incursões nas matas. O sangue dos macacos abatidos estava ali, tingindo suas peles e roupas, mas será que eram tão infectantes? Teriam quantidades de STLV? As amostras mostraram que cerca de 7% tinha a presença de algum tipo de STLV, principalmente o STLV-1 que vimos invadir o homem ao longo do século XX, mas também o STLV-3, recentemente descoberto no homem.[378]

Até o momento, aguardamos conhecer as consequências dos dois novos vírus, as doenças que causam, a dimensão da epidemia, a transmissão mais eficaz e a possibilidade de pandemia. Enquanto isso, esperamos pela descoberta de outros vírus HTLV e STLV.

NOTAS

CAPÍTULO "A REPETIÇÃO DA PNEUMONIA ASIÁTICA DE 2003"

1 Lu, Hongchao et al. *Date of origin of the SARS coronavirus strains.* BMC Infectious Diseases, 4(3): 2004.

2 Wang, Ming et al. SARS-Cov infection in a restaurant from Palm Civet. *Emerging Infectious Diseases*, 11(12): 1860, 2005.

3 Diana Bell et al. Animal origins of SARS coronavirus: possible links with the international trade in small carnivores. *Phil. Trans. R. Soc. Lond. B.*, 2004.

4 Shengwei Zhu; Shinsuke Kato. Investigating how viruses are transmitted by coughing. *IAQ Applications*, 7(2):1-4, 2006.

5 Xu, Rui-Heng et al. Epidemiologic clues to SARS origin in China. *Emerging Infectious Diseases*, 10(6):1030-1037, 2004.

6 Guo-ping Zhao. SARS molecular epidemiology: a Chinese fairy tale of controlling an emerging zoonotic disease in the genomics era. *Phil. Trans. R. Soc. Lond. B.*, 362:1063-1081, 2007.

7 K. Stadler et al. SARS – Beginning to understand a new vírus. *Nature Reviews – Microbiology*, 1:209-218, 2003.

8 Karl Taro Greenfeld. *China syndrome.* New York: Penguin Books, 2006.

9 *Severe acute respiratory syndrome (SARS)*: status of the outbreak and lesson for the immediate future. World Health Organization, Geneve, 20 maio 2003.

10 Brigg Reilley et al. SARS and Carlo Urbani. *New England Journal of Medicine*, 348(2):1951-1952, 2003.

11 Gowri Gopalakrishna et al. SARS transmission and hospital containment. *Emerging Infectious Diseases*, 10(3): 395-400, 2004.

12 Susan M. Poutanen et al. Identification of Severe Acute Respiratory Syndrome in Canada. *New England Journal of Medicine*, 348(20):1995-2005, 2003.

13 Tomislav Svoboda et al. Public Health Measures to Control the Spread of the Severe Acute Respiratory Syndrome during the Outbreak in Toronto. *New England Journal of Medicine*, 350(23):2352-2361, 2004.

14 Longde Wang et al. Emergence and control of infectious diseases in China. *The Lancet*, 6736(8):61365-61363, 2008.

15 Yu, Ignatius T. S. et al. Evidence of airborne transmission of the severe acute respiratory syndrome virus. *New England Medicine Journal*, 350:1731-1739, 2004.

16 Sonja J. Olsen et al. Transmission of the Severe Acute Respiratory Syndrome on aircraft. *New England Journal of Medicine*, 349(25):2416-2422, 2003.

17 M. R. Moser et al. An outbreak of influenza aboard a commercial airliner. *American Journal of Epidemiology*, 110(1):1-6, 1979.

[18] D. L. Heymann; G. Rodier. Sars: a global response to an international threat. *The Brown Journal of World Affairs*, x(2):185-197, 2004.
[19] David L. Heymann. The international response to the outbreak of sars in 2003. *Phil. Trans. R. Soc. Lond. B.*, 359:1127-1129, 2004.
[20] Donald E. Low. *Why sars Will not return*: a polemic. cmaj, 170(1):68-69, 2004.
[21] Milind Y. Nadkar et al. *H1N1 influenza*: an update. japi, 57:454-458, 2009.
[22] Roy M. Anderson et al. *Epidemiology, transmission dynamics and controlof sars*: the 2002-2003 epidemic. *Phil. Trans. R. Soc. Lond. B.*, 359:1091-1105, 2004.
[23] Organização Mundial da Saúde: *Global health security. Consensus document on the epidemiology of severe acute respiratory syndrome (sars)*, 2003.
[24] Charles H. Calisher et al. Bats: important reservoir hosts of emerging viruses. *Clinical Microbiology Reviews*, 19(3):531-545, 2006.
[25] D. Vijaykrishna et al. Evolutionary Insights into the Ecology of Coronaviruses. *Journal of Virology*, 81(8):4012-4020, 2007.
[26] Lin-Fa Wang et al. Review of bats and sars. *Emerging Infectious Diseases*, 12(12):1834-1840, 2006.
[27] Wuze Ren et al. Full-length genome sequences of two sars-like coronaviruses in horseshoe bats and genetic variation analysis. *Journal general Virology*, 87:3355-3359, 2006.
[28] Marcel A. Muller et al. Coronavirus antibodies in African bats species. *Emerging Infectious Diseases*, 13(9):1367-1370, 2007.
[29] Samuel R. Dominguez et al. Detection of group 1 coronaviruses in bats in North America. *Emerging Infectious Diseases*, 13(9):1295-1300, 2007.
[30] Suxiang Tong et al. Detection of novel sars-like and other coronaviruses in bats from Kenya. *Emerging Infectious Diseases*, 15(3):482-485, 2009.
[31] Tong, S. et al. Detection of novel sars-like and other coronaviruses in bats from Kenya. *Emerging Infectious Diseases*, 15(3):482-485, 2009.
[32] Carl Zimmer. *O livro de ouro da evolução*: o triunfo de uma ideia. Rio de Janeiro: Ediouro, 2003.
[33] David E. Swayne et al. Domestic Poultry and sars Coronavirus, Southern China. *Emerging Infectious Diseases*, 10(5):914-916, 2004.
[34] Zhengli Shi; Zhihong Hu. A review of studies on animal reservoirs of the sars coronavirus. *Virus research*, 133(1): 74-87, 2008
[35] Byron E. E. Martina et al. Sars virus infection of cats and ferrets. *Nature*, 425 (30 oct.):915, 2003.
[36] Weijun Chen et al. Sars-associated coronavirus transmitted from human to pig. *Emerging Infectious Diseases*,11(3):446-448, 2005.

CAPÍTULO "AS FUTURAS GRIPES SUÍNAS"

[37] who (World Health Organization). Clinical aspects of pandemic 2009 influenza A (H1N1) virus infection. *New England Journal of Medicine*, 362(18):1708-1719, 2010.
[38] Silveira, Anny Jackeline Torres. A medicina e a influenza espanhola de 1918. *Tempo*, 10(19):91-105, 2005.
[39] Ken Alder. *A medida de todas as coisas*. Rio de Janeiro: Objetiva, 2003.
[40] Ian Whitelaw. *A measure of all things*: the story of man measurement. New York: Saint Martin Press, 2007.
[41] Michael Pollan. *Em defesa da comida*: um manifesto. Rio de Janeiro: Intrínseca, 2008.
[42] Pearson, S. F. Refrigerants past, present and future. International Institut of Refrigeration, *Bulletin* march 2004.
[43] Willian J. Bernstein. *Uma mudança extraordinária*. Rio de Janeiro: Elsevier, 2009.
[44] Michael Pollan. *O dilema do onívoro*. São Paulo: Intrínseca, 2007.
[45] Ron Eccles. Understanding the symptoms of the common cold and influenza. *Lancet Infectious Diseases*, 5:718-725, 2005.
[46] Flavio Coelho Edler. *Boticas & Pharmacias*: uma história ilustrada da farmácia no Brasil. Rio de Janeiro: Casa da Palavra, 2006.
[47] D. M. Morens et al. The persistent legacy of the 1918 influenza virus. *New England Journal of Medicine*, 361(3):225-229, 2009.
[48] T. Ito et al. Molecular basis for the generation in pigs of influenza A viruses with pandemic potential. *Journal of Virology*, 72(9):7367-7373,1998.
[49] G. Neumann et al. Emergence and pandemic potential of swine-origin H1N1 influenza virus. *Nature*, 459(18 jun.):931-938, 2009.

50 I. H. Brown. The epidemiology and evolution of influenza viruses in pigs. *Veterinary Microbiology*, 7429-7446, 2000.

51 S. M. Zimmer; D. S. Burke. Historical perspective – emergence of influenza A (H1N1) viruses. *New England Journal of Medicine*, 361(3):279-285, 2009.

52 A. Ouchi et al. Large outbreak of swine influenza in southern Japan caused by reassortant (H1N2) influenza viruses: its epizootic background and characterization of the causative viruses. *Journal of General Virology*, 77:1751-1759, 1996.

53 N. N. Zhou et al. Genetic reassortment of avian, swine, and human influenza A viruses in American pigs. *Journal of Virology*, 73(10):8851-8856, 1999.

54 A. I. Karasin et al. Genetic characterization of H1N2 influenza A viruses isolated from pigs throughout the United States. *Journal of Clinical Microbiology*, 40(3):1073-1079, 2002.

55 G. J. D. Smith et al. Origins and evolutionary genomics of the 2009 swine-origin H1N1 influenza A epidemic. *Nature*, 2009.

56 C. W. Olsen. The emergence of novel swine influenza viruses in north America. *Virus Research*, 85:199-210, 2002.

57 C. W. Olsen et al. Virologic and serologic surveillance for human, swine and avian influenza virus infections among pigs in the north-central United States. *Archives of Virology*, 145:1399-1419, 2000.

58 M. Koopmans et al. Transmission of H7N7 avian influenza A virus to human beings during a large outbreak in commercial poultry farms in the Netherlands. *The Lancet*, 363(21 fev.):587-594, 2004.

59 K. V. Reeth. Avian and swine influenza viruses: our current understanding of the zoonotic risk. *Vet. Res.*, 38:243-260, 2007.

60 J. A. Belser et al. Past, present, and possible future human infection with influenza virus A subtype H7. *Emerging Infectious Diseases*, 15(6):859-866, 2009.

61 Y. Berhane et al. Highly pathogenic avian influenza virus A (H7N3) in domestic poultry, Saskatchewan, Canada, 2007. *Emerging Infectious Diseases*, 15(9):1492-1495, 2009.

62 S. M. Zimmer; D. S. Burke. Historical perspective – emergence of influenza A (H1N1) viruses. *New England Journal of Medicine*, 361(3):279-285, 2009.

63 G. J. D. Smith et al. Origins and evolutionary genomics of the 2009 swine-origin H1N1 influenza A epidemic. Nature, 459(25 jun.):1122-1126, 2009.

64 Lebarbenchon et al. Persistence of highly pathogenic avian influenza viruses in natural ecosystems. *Emerging Infectious Diseases*, 16(7):1057-1062, 2010.

CAPÍTULO "UMA GRIPE MUITO MAIS LETAL QUE A SUÍNA"

65 Andrew, Cliff, Peter-Haggett e Matthew Smallman. *Island Epidemics*. Oxford University Press, 2000.

66 Peter Ludwig Panum. *Observations made during the epidemic of measles in the Faroe Islands in the year 1846*. Originalmente publicado em Bibliothek of Laeger, Copenhagen, 3R, 1: 270-344, 1847.

67 L. D. Sims et al. Origin and evolution of highly pathogenic H5N1 avian influenza in Asia. *The Veterinary Record*, 6 ago., 2005.

68 Gilbert, M. et al. Free-grazing ducks and highly pathogenic avian influenza, Thailand. *Emerging Infectious Diseases*, 12(2):227-234, 2006.

69 A. S. Fauci. Pandemic influenza threat and preparedness. *Emerging Infectious Diseases*,12(1):73-77, 2006.

70 Rappole; Hubálek. Birds and influenza H5N1 virus movement to and within North America. *Emerging Infectious Diseases*,12(10):1486-1492, 2006.

71 A. M. Kilpatrick et al. Predicting the global spread of H5N1 avian influenza. *PNAS*, 103(51):19368-19373, 2006.

72 N. M. Ferguson et al. Public Health risk from the avian H5N1 influenza epidemic. *Science*, 304:968-969, 2004.

73 T. T. Hien et al. Avian influenza A (H5N1) in 10 patients in Vietnam. *New England Journal of Medicine*, 350(12):1179-1189, 2004.

74 Kandeel, A. et al. Zoonotic transmission of avian influenza virus (H5N1), Egypt, 2006-2009. *Emerging Infectious Diseases*, 16(7):1101-1107, 2010.

75 Ungchusak et al. Probable person-to-person transmission of avian influenza A (H5N1). *New England of Medicine Journal*, 352(4):333-340, 2005.

[76] I. N. Kandun. et al. Three Indonesian clusters of H5N1 virus infection in 2005. *The New England Journal of Medicine*, 355(23 nov.):2186-94, 2006.

[77] Mike Davis. *O monstro bate à nossa porta.* Rio de Janeiro: Record, 2006.

[78] N. M. Ferguson et al. Strategies for containing an emerging influenza pandemic in Southeast Asia. *Nature*, 437:209-214, 2005.

[79] W. Putthasri et al. Capacity of Thailand to contain an emerging influenza pandemic. *Emerging Infectious Diseases*, 15(3):423-432, 2009.

[80] Declan Butler. Drugs could head off a flu pandemic – but only if we respond fast enough. Nature, 436:614-615, 2005.

[81] N. M. Ferguson et al. Strategies for mitigating an influenza pandemic. *Nature*, 442(7101):448-452, 2006.

[82] V. Colizza et al. Modeling the worldwide spread of pandemic influenza: baseline case and containment interventions. *Plos Medicine*, 4(1):1-16, 2007.

[83] M. E. Halloran et al. Modeling targeted layered containment of an influenza pandemic in the United States. PNAS, 105(12):4639-4644, 2008.

[84] T. C. Germannet al. Mitigation strategies for pandemic influenza in the United States. PNAS, 103(15):5935-5940, 2006.

CAPÍTULO "UM VÍRUS VINDO DO ORIENTE"

[85] David Quammen. *O canto do dodô.* São Paulo: Cia das Letras, 2008.

[86] H. A. Mooney & E. E. Cleland. The evolutionary impact of invasive species. PNAS, 98(10):5446-5451, 2001.

[87] P. M. Vitousek et al. Human Domination of Earth's Ecosystems. *Science*, 277(5325):494-499,1997

[88] L. T. M. Figueiredo. Dengue in Brazil: past, present and future perspective. *Dengue Bulletin*, 27:25-33, 2003.

[89] Sidney Chalhoub. *Cidade febril.* São Paulo: Companhia das Letras, 1996.

[90] J. E. Bracco et al. Genetic variability of *Aedes aegypti* in the America using a mitochondrial gene: evidence of multiple introductions. *Mem. Inst. Oswaldo Cruz*, Rio de Janeiro, 102(5):573-580, 2007.

[91] Duschinka Ribeiro Duarte Guedes. Epidemiologia molecular do *Aedes albopictus*. Dissertação apresentada ao Departamento de Saúde Coletiva – NESC do Centro de Pesquisas Aggeu Magalhães – para obtenção do título de Mestre em Saúde Pública, área de concentração em Controle de Endemias e Métodos de Diagnósticos. Recife, 2006.

[92] B. W. Alto et al. Stage-dependent predation on competitors: consequences for the outcome of a mosquito invasion. *J. Anim. Ecol.*, 78(5):928-936, 2009.

[93] Kambhampati et al. Geographic origin of the US and Brazilian *Aedes albopictus* inferred from allozyme analysis. *Heredity*, 67:85-94,1991.

[94] I. A. Braga; D. Valle. *Aedes aegypti*: insecticides, mechanisms of action and resistance. *Epidemiol. Serv. Saúde, Brasília*, 16(4):279-293, 2007.

[95] R. L. C. Santos. Updating of the distribution of *Aedes albopictus* in Brazil (1997-2002). Rev. Saúde Pública, 37(5), 2003.

[96] R. L. Oliveira et al. The invasion of urban forest by dengue vectors in Rio de Janeiro. *Journal of Vector Ecology*, 94-100, 2004.

[97] T. N. Lima-Camara et al. Frequência e distribuição especial de *Aedes aegypti* e *Aedes albopictus* no Rio de Janeiro. *Cad. Saúde Pública*, Rio de Janeiro, 22(10):2079-2084, 2006.

[98] Walter Reed. The etiology of yellow fever. *Philadelphia Medical Journal*, 27 out., 1900.

[99] A. M. Powers et al. Re-emergence of chikungunya and o'nyong-nyong viruses: evidence for distinct geographical lineages and distant evolutionary relationships. *Journal of General Virology*, 81:471-479, 2000.

[100] Jean-Paul Chretien et al. Drought-associated chikungunya emergence along coastal east Africa. *American Journal Tropical Medicine Hygiene*, 76(3):405-407, 2007.

[101] Pialoux et al. Chikungunya, an epidemic arbovirosis. *Lancet Infectious Diseases*, 7:319-27, 2007.

[102] I. Schuffenecker et al. Genome microevolution of chikungunya viruses causing the Indian Ocean outbreak. *PloS Medicine*, (7):1058-1070, 2006.

[103] Powers, A. M. et al. Changing patterns of chikungunya virus: re-emergence of a zoonotic arbovirus. *Journal of General Virology*, 88:2363-2377, 2007.

[104] Xavier Lamballerie et al. Chikungunya vírus adapts to Tiger mosquito via evolutionary convergence: a sign of things to come? *Virology Journal*, 5(33), 2008.

105 Josseran, L. et al. Chikungunya disease outbreak, Reunion island. *Emerging Infectious Diseases*, 12(12):1994-1995, 2006.

106 P. Renault et al. A Major epidemic of chikungunya virus infection on Reunion Island, France, 2005-2006. *American Journal of Tropical Medicine Hygiene*, 77(4):727-733, 2007.

107 Man-Koumba Soumahoro et al. Imported chikungunya vírus infection. *Emerging Infectious Diseases*, 16(1):162-163, 2010.

108 E. Krastinova et al. Imported cases of chikungunya in metropolitan France: update to June 2006. *Euro Surveillance*, 11(34): 3030, 2006.

109 Parola et al. Novel chikungunya virus variant in travelers returning from Indian ocean islands. *Emerging Infectious Diseases*, 12(10):1493-1498, 2006.

110 P. N. Yergolkar et al. Chikungunya outbreaks caused by African genotype, India. *Emerging Infectious Diseases*, 12(10):1580-1583, 2006.

111 Delsio Natal. Bioecologia do *Aedes aegypti*. *Biológico*, 64(2):205-207, 2002.

112 M. A. H. Braks et al. Superior reproductive success on human blood without sugar is not limited to highly anthropophilic mosquito species. *Med. Vet. Entomol.*, 20(1): 53-59, 2006.

113 G. Rezza et al. Infection with chikungunya vírus in Italy: an outbreak in a temperate region. *Lancet*, 370:1840-46, 2007.

114 V. Sambri et al. The 2007 epidemic outbreak of chikungunya viruses infection in the Romagna region of Italy: a new perspective for the possible diffusion of tropical diseases in temperate areas? *New Microbiological*, 31:303-304, 2008.

115 Pagès, F. et al. *Aedes albopictus* mosquito: the main vector of the 2007 chikungunya outbreak in Gabon. *PloS One*, 4(3): 2009.

116 E. M. Leroy et al. Concurrent chikungunya and dengue virus infections during simultaneous outbreaks, Gabon, 2007. *Emerging Infectious Diseases*, 15(4):591-593, 2009.

117 H. S. Chahar et al. Co-infections with chikungunya virus and dengue virus in Delhi, India. *Emerging Infectious Diseases*, 15(7):1077-1080, 2009.

118 D. J. Gluber. The changing epidemiology of yellow fever and dengue, 1900 to 2003: full circle? *Comp. Immun. Microbiol. Infect. Dis.*, 27:319-330, 2004.

119 E. B. Hayes. Zika virus outside Africa. *Emerging Infectious Diseases*, 15(9):1347, 2009.

120 Lanciotti et al. Genetic and serologic properties of Zika virus associated with an epidemic, Yap State, Micronesia, 2007. *Emerging infectious Diseases*, 14(8):1232-1239, 2008.

121 M. R. Duffy et al. Zika virus outbreak on Yap Island, Federated States of Micronesia. *New England Journal of Medicine*, 360:2536-2543, 2009.

122 Meri Bordignon Nogueira. *Caracterização biológica e genética de isolados clínicos de dengue sorotipo 3*. Tese apresentada na Universidade Federal do Paraná para obtenção do título de doutor em Biologia Celular do Programa de Pós-Graduação em Biologia Celular e Molecular. Curitiba, 2009.

CAPÍTULO "UM VÍRUS SE ALASTRA DO NORTE"

123 MMWR – Morbidity and Mortality Weekly Report. Outbreak of west Nile-like viral encephalitis – New York, 1999. MMWR, 48(38):845-944, 1999.

124 J. H. Rappole et al. Migratory birds and spread of West Nile virus in the western hemisphere. *Emerging Infectious Diseases*, 6(4):319-328, 2000.

125 D. Nash et al. The outbreak of West Nile virus infection in the New York city in 1999. *New England Journal of Medicine*, 344(24):1807-1814, 2001.

126 E. F. Flores; R. Weiblen. O vírus do Nilo Ocidental. *Ciência Rural*, 39(2):604-612, 2009.

127 M. Giladi et AL. West Nile encephalitis in Israel,1999: the New York connection. *Emerging Infectious Diseases*, 7(4):659-661, 2001.

128 Gerald Horne. *O sul mais distante*: os Estados Unidos, o Brasil e o tráfico de escravos africanos. São Paulo: Companhia das Letras, 2010.

129 G. L. Campbell et al. West Nile virus. *The Lancet*, 2:519-529, 2002.

130 G. Johnson et al. Surveillance for west Nile virus in American white pelicans, Montana, EUA, 2006-2007. *Emerging Infectious Diseases*, 16(3):406-411, 2010.

131 Heidi E. Brown et al. Ecological Factors Associated with West Nile Virus Transmission, Northeastern United States. *Emerging Infectious Diseases*, 14(10):1539-1545, 2008.

[132] D. J. Gubler. The continuing spread of West Nile virus in the Western Hemisphere. *Clinical Infectious Diseases*, 45:1039-1046, 2007.

[133] L. R. Peterson et al. West Nile virus. JAMA, 290(4):524-528, 2003.

[134] N. Komar; G.G. Clark. West Nile virus activity in Latin America and the Caribbean. *Rev. Panam. Salud Publica-Pan Am. J. Public Health*, 19(2):112-117, 2006.

[135] I. Bosch et al. West Nile virus, Venezuela. *Emerging Infectious Diseases*, 13(4):651-653, 2007.

[136] E. J. A. Luna et al. Encefalite do Nilo Ocidental, nossa próxima epidemia? *Epidemiologia e Serviços de Saúde*, 12(1):7-19, 2003.

[137] R. Petry et al. Avifauna do Rio Grande do Sul e doenças emergentes: conhecimento atual e recomendação para a vigilância ornitológica da influenza aviária e da febre do Nilo Ocidental. *Revista Brasileira de Ornitologia*, 14(3):269-277, 2006.

[138] M. A. Morales et al. West Nile virus isolation from equines in Argentina, 2006. *Emerging Infectious Diseases*, 12(10):1559-1561, 2006.

[139] L. A. Diaz et al. West Nile virus in birds, Argentina. *Emerging Infectious Diseases*, 14(4):689-690, 2008.

[140] Alex Pauvolid-Corrêa; Rafael Brandão Varella. Aspectos epidemiológicos da Febre do Oeste do Nilo. *Ver. Bras. Epidemiol.*, 11(3):463-72, 2008.

[141] John S. Marr; Charles H. Calisher. Alexander the greater and West Nile Virus encephalitis. *Emerging Infectious Diseases*, 9(12): 1599-1603, 2003.

CAPÍTULO "O RETORNO DA TUBERCULOSE INCURÁVEL"

[142] T. J. Standiford; J. C. Deng. Immunomodulation for the prevention and treatment of lung infections. Seminars in Respiratory and Critical Care Medicine, 25(1):95-108, 2004.

[143] T. Lillebaek et al. Molecular evidence of endogenous reactivation of Mycobacterium tuberculosis after 33 years of latent infection. *Journal of Infectious Diseases*,185:401-404, 2002.

[144] J. L. F. Antunes et al. A tuberculose através do século: ícones canônicos e signos do combate à enfermidade. *Ciência & Saúde Coletiva*, 5(2):367-379, 2000.

[145] J. L. F. Antunes et al. A tuberculose através do século: ícones canônicos e signos do combate à enfermidade. *Ciência & Saúde Coletiva*, 5(2): 367-379, 2000.

[146] Misha Glenny. *McMáfia*: crime sem fronteiras. São Paulo: Companhia das Letras, 2008.

[147] Jean Ziegler. *Os senhores do crime*: as novas máfias contra a democracia. Rio de Janeiro: Record, 2003.

[148] F. A. Fiuza de Melo et al. Aspectos epidemiológicos da tuberculose multirresistente em serviço de referência na cidade de São Paulo. *Revista da Sociedade Brasileira de Medicina tropical*, 36(1):27-34, 2003.

[149] V. S. Margarita. Specific features of the spread of tuberculosis in Russia at the end of the 20th century. *Annals of the New York Academy of Sciences*, 953:124-132, 2001.

[150] C. Dye et al. Erasing the world's slow stain: strategies to beat multidrug-resistant tuberculosis. *Science*, 295(5562):2042-2046, 2002.

[151] B. Eker et al. Multidrug and extensively drug-resistant tuberculosis, Germany. *Emerging Infectious Diseases*, 14(11):1700-1706, 2008.

[152] G. B. Migliori; R. Centis. Problems to control TB in Eastern Europe and consequences in low incidence countries. *Monaldi Arch. Chest Dis.*, 57(5-6):285-290, 2002.

[153] Nachega, J. B.; Chaisson, R. E. Tuberculosis drug resistance: a global threat. *Clinical Infectious Diseases*, 36(suppl. 1):S24-S30, 2003.

[154] Su, B. et al. HIV-1 subtype B' dictates the Aids epidemic among paid blood donors in the Henan and Hubei provinces of China. AIDS, 17:2515-2520, 2003.

[155] Guy Sorman. *O ano do Galo*: verdades sobre a China. São Paulo: Realizações, 2007.

[156] Rivera, A. M. et al. The history of peripheral intravenous catheters: how little plastic tubes revolutionized medicine. *Acta Anaesth. Belg.*, 56:271-282, 2005.

[157] N. He; R. Detels. The HIV epidemic in China: history, response, and challenge. *Cell Research*, 15(11-12):825-832, 2005.

[158] Y. Shao. Aids epidemic at age 25 and control efforts in China. *Retrovirology*, 3:87, 2006.

[159] Gill, B.; Okie, S. China and HIV – A window of opportunity. *The New England Journal of Medicine*, 356, 18:1801-1806, 2007.

[160] Y. Xiao et al. Expansion of HIV/aids in China: lessons from Yunnan province. *Soc. Sci. Med.*, 64(3):665-675, 2007.

161 J. D. Tucker et al. Syphilis and social upheaval in China. *New England Journal of Medicine*, 362(18):1658-1661, 2010.

162 Yanis Ben Amor et al. Underreported Threat of Multidrug-Resistant Tuberculosis in Africa. *Emerging Infectious Diseases*, 14(9):1345-1352, 2008.

163 T. R. Frieden et al. A multi-institutional outbreak of highly drug-resistant tuberculosis. *JAMA*, 276(15):1229-1235,1996.

164 P. D. McElroy et al. Use of DNA fingerprinting to investigate a multiyear, multistate tuberculosis outbreak. *Emerging Infectious Diseases*, 8(11):1252-1256, 2002.

165 H. Herzog. History of tuberculosis. *Respiration*, 65:5-15, 1998.

166 T. A. Kenyon. et al. Transmission of multidrug-resistant Mycobacterium tuberculosis during a long airplane flight. *The New England Journal of Medicine*, 334(15):933-939, 1996.

167 I. Devaux et al. Clusters of multidrug-resistant Mycobacterium tuberculosis cases, Europe. *Emerging Infectious Diseases*, 15(7):1052-1060, 2009.

168 C. Wongsrichanalai et al. Extensive drug resistance in malaria and tuberculosis. *Emerging Infectious Diseases*, 16(7):1063-1067, 2010.

169 M. C. Ruddy et al. Outbreak of isoniazid resistant tuberculosis in north London. *Thorax*, 59:279-285, 2004.

170 P. Gavín et al. Multidrug-resistant Mycobacterium tuberculosis strain from Equatorial Guinea detected in Spain. *Emerging Infectious Diseases*, 15(11):1858-1860, 2009.

171 Alistair D. Calver et al. Emergence of increased resistance and extensively drug-resistant tuberculosis despite treatment adherence, South Africa. *Emerging Infectious Diseases*, 16(2):264-271, 2010.

172 Steven Johnson. *O mapa fantasma*: como a luta de dois homens contra o cólera mudou o destino de nossas metrópoles. Rio de Janeiro: Jorge Zahar Editora, 2008.

173 Jerome Amir Singh et al. XDR-TB in South Africa: no time for denial or complacency. *PloS Medicine*, 4(1):19-25, 2007.

174 N. R. Gandhi et al. Extensively drug-resistant tuberculosis as a cause of death in patients co-infected with tuberculosis and HIV in a rural area of South Africa. *The Lancet*, 368(9547): 1554-1556, 2006.

175 G. B. Migliori et al. 125 years after Robert Koch's discovery of the tubercle bacillus: the new XDR-TB threat. Is "science" enough to tackle the epidemic? *European Respiratory Journal*, 29(3):423-427, 2007.

176 N. S. Shah et al. Extensively drug-resistant tuberculosis – United States, 1993-2006, MMWR, 56(11):250-253, 2007.

177 Sofia Samper; Carlos Martin. Spread of extensively drug-resistant tuberculosis. *Emerging Infectious Diseases*, 13(4):647, 2007.

178 M. C. Raviglione; I. M. Smith. XDR tuberculosis – implications for global public health. *New England Journal of Medicine*, 356(7):656-659, 2007.

179 E. Nathanson et al. MDR tuberculosis – Critical steps for prevention and control. *New England Journal of Medicine*, 363(9 set.):1050-1058, 2010.

180 WHO. Multidrug-resistant and extensively drug-resistant TB (M/XDR-TB) – 2010 Global report on surveillance and response, World Health Organization.

181 Dominique Lapierre. *Um arco-íris na noite.* São Paulo: Planeta do Brasil, 2010.

CAPÍTULO "PANDEMIAS PELAS SUPERBACTÉRIAS"

182 C. T. Walsh; G. Wright. Introduction: Antibiotic Resistance. *Chemical Reviews*, 105(2):391-393, 2005.

183 B. G. Hall; M. Barlow. Evolution of the serine b-lactamases: past, present and future. *Drug Resist. Update*, 7:111-123, 2004.

184 B. G. Hall et al. Independent origins of subgroup Bl + B2 and subgroup B3 metallo-b-lactamases. *J Mol. Evol.*, 59: 133-141, 2004.

185 J. A. Tincu; S. W. Taylor. Antimicrobial peptides from merine invertebrates. Antimicrobial Agents and Chemotherapy, 48(10):3645-3654, 2004.

186 B. Magarinos et al. Response of *Pasteurella piscicida* and *Flexibacter maritimus* to skin muçus of marine fish. *Diseases of Aquatic Organisms*, 21:103-108,1995.

187 Marjore Murphy Cowan. Plant products as antimicrobial agents. *Clinical Microbiology Reviews*, 12(4):564-582, 1999.

188 Sadaaki Iwanaga; Bok Luel Lee. Recent advances in the innate immunity of invertebrate animals. *Journal of Biochemistry and Molecular Biology*, 38(2):128-150, 2005.

189 Laszlo Otvos Jr. Antibacterial peptides isolated from insects. *Journal of Peptide Science*, 6:497-511, 2000.

190 M. Zasloff. Antimicrobial peptides of multicellular organisms. *Nature*, 415(24 jan.):389-395, 2002.

191 D. J. Bibel et al. Skin flora maps: a tool in the study of cutaneous ecology. *Journal of Investigative Dermatology*, 67: 265-269, 1976.

192 A. Natsch et al. A specific bacterial aminoacylase cleaves odorant precursors secreted in the human axilla. *The Journal of Biological Chemistry*, 278(8):5718-5727, 2003.

193 Robert Winston. *Instinto humano.* São Paulo: Globo, 2006.

194 Idan Bem-Barak. *Pequenas maravilhas*: como os micróbios governam o mundo. Rio de Janeiro: Jorge Zahar, 2010.

195 K. Chiller et al. Skin microflora and bacterial infections of the skin. *Journal of Investigative Dermatology Symposium Proceedings*, 6:170-174, 2001.

196 V. Nizet; R.L. Gallo. Cathelicidins and innate defense against invasive bacterial infection. Scand. *J. Infect. Dis.*, 35:670-676, 2003.

197 R. S. Dykhuizen et al. Antimicrobial effect of acidified nitrite on gut pathogens: importance of dietary nitrate in host defense. *Antimicrobial Agents and Chemotherapy*, 40(6):1422-1425, 1996.

198 G. Evaldson et al. The normal human anaerobic microflora. Scand. *J. Infect. Dis. Suppl.*, 35:9-15, 1982.

199 F. Bäckhed et al. Host-bacterial mutualism in the human intestine. *Science*, 307 (25 mar.):1915-20, 2005.

200 K. G. Brandt et al. Importância da microflora intestinal. *Pediatria*, 28(2):117-27, 2006.

201 F. Guarner; J. R. Malagelada Gut flora in health and disease. *The Lancet*, 360(8 fev.):512-519, 2003.

202 P. Bourlioux et al. The intestine and its microflora are partners for the protection of the host: report on the Danone Symposium "The intelligent intestine" held in Paris, 14 jun., 2002. *Am. J. Clin. Nutr.*, 78:675-83, 2003.

203 Y. R. Mahida et al. Antimicrobial peptides in the gastrointestinal tract. *Gut*, 40:161-63,1997.

204 P. Goldsworthy; A. McFarlane. Howard Florey, Alexander Fleming and the fairy tale of Penicillin. MJA, 176:178-180, 2002.

205 Giuseppe Brotzu. Research on a new antibiotic. *Publications of the Cagliari Institute of Hygiene* – Cagliari, Tip. C.E.L., 1948.

206 K. P. Klugman. Pneumococcal resistance to antibiotics. *Clinical Microbiology Reviews*, 3 (2):171-196,1990.

207 Fenoll et al. Evolution of Streptococcus pneumonia serotypes and antibiotic resistance in Spain: update (1990 to 1996). *Journal of Clinical Microbiology*, 36(12):3447-3454, 1998.

208 S. B. Levy; B. Marshall, Antibacterial resistance worldwide: causes, challenges and responses. *Nature Medicine Supplement*,10(12):s122-s129, 2004.

209 C. Walsh. Molecular mechanisms that confer antibacterial drug resistance. *Nature*, 406(17 aug.):775-781, 2000.

210 A. J. Alanis. Resistance to antibiotics: are we in the post-antibiotic era? *Archives of Medical Research*, 36:697-705, 2005.

211 P. M. Hawkey; A. M. Jones. The changing epidemiology of resistance. *Journal of Antimicrobial Chemotherapy*, 64 (suppl. 1):i3-i10, 2009.

212 J. Birnbaum et al. Carbapenens, a new class of beta-lactam antibiotics. Discovery and development of imipenem/cilastatin. *American Journal of Medicine*, 78(6A):3-21, 1985.

213 G. A. Jacoby; L. S. Munoz-Price. The new b-lactamases. *New England Journal of Medicine*, 352:380-91, 2005.

214 Jian Li et al. Colistin: the re-emerging antibiotic for multidrug-resistant Gram-negative bacterial infections. *The lancet*, (6 sep.):589-600, 2006.

215 *Boletim Epidemiológico Paulista*, maio 2009, 6(65).

216 S. Riedel. Biological warfare and bioterrorism: a historical review. *BUMC Proceedings*, 17:400-406, 2004.

217 D. Yong et al. Characterization of a New Metallo-Lactamase Gene, blaNDM-1, and a Novel Erythromycin Esterase Gene Carried on a Unique Genetic Structure in Klebsiella pneumoniae Sequence Type 14 from India. *Antimicrobial Agents and Chemotherapy*, 53(12): 5046-5054, 2009.

218 K. Kumarasamy et al. Emergence of a new antibiotic resistance mechanism in India, Pakistan, and the UK: a molecular, biological, and epidemiological study. *The Lancet Infectious Diseases*, 10(9):597-602, 2010.

219 Detection of Enterobacteriaceae Isolates Carrying Metallo-Beta-Lactamase – United States, 2010. MMWR, 59(24), june 25, 2010.

220 B. Spellberg et al. The epidemic of antibiotic resistant infections: a call to action for the medical community from the infectious diseases society of America. *Clinical Infectious Diseases*, 46 (15 jan.), 2008.

221 D. M. Shalaes et al. Antibiotic discovery: state of the State. *ASM News*, 70(6):275-281, 2004.

[222] D. M. Sievert et al. Staphylococcus aureus resistant to vancomycin – United States, 2002. *Morbidity and Mortality Weekly Report*, 51(26):565-567, 2002.
[223] D. M. Livermore. Future directions with daptomycin. *Journal of Antimicrobial Chemoterapy*, 62 (suppl. 3):iii41-iii49, 2008.
[224] C. T. Walsh; Wright, G. Introduction: antibiotic resistance. *Chem. Rev.* 105(2):391-93, 2005.
[225] C. A. Arias et al. Antibiotic-resistant bugs in the 21st century – a clinical super-challenge. *New England Journal of Medicine*, 360:439-444, 2009.

CAPÍTULO "UMA PANDEMIA PELAS MÃOS"

[226] Claudia Clark. *Radium Girls*: women and industrial health reform, 1910-1935. The University of North Carolina Press, 1997.
[227] Kristi Lew. *Radium*. Nova York: Rosen Publishing Group, 2009.
[228] Deborah Blum. *The poisoner's handbook*. Nova York: The Penguin Press, 2010.
[229] John Emsley. *The elements of murder*: a history of poison. Nova York: Oxford University Press, 2005.
[230] Jadir G. Rodrigues. Césio 137: Metáfora de um acidente. *Revista da Faculdade de Educação e Ciências Humanas de Anicuns FECHA/FEA* – Goiás, 1:95-106, 2004.
[231] Yuri Felshtinsky; Vladimir Pribilovski. *A era dos assassinos*: a nova KGB e o fenômeno Vladimir Putin. Rio de Janeiro: Record, 2008.
[232] R. J. Gordon; F. D. Lowy. Pathogenesis of methicillin-resistant *Staphylococcus aureus infection. Clinical infectious Diseases*, 46(suppl. 5):S350-S359, 2008.
[233] Erika von Mutius. Asthma and allergies in rural areas of Europe. *Proc. Am. Thorac. Soc.*, 4:212-216, 2007.
[234] F. P. O'Hara et al. A geographic variant of the *Staphylococcus aureus* Panton-Valentine Leukocidin toxin and the origin of community-associated methicillin-resistant S. aureus USA300. *Journal of Infectious Diseases*,197:187-94, 2008.
[235] J. T. Weber. Community-associated methicillin-resistant *Staphylococcus aureus. Clinical infectious Diseases*, 41:S269-72, 2005.
[236] T. J. Kowalski et al. Epidemiology, treatment, and prevention of community-acquired methicillin-resistant *Staphylococcus aureus* infections. *Mayo Clin. Proc.*, 80(9):1201-1207, 2005.
[237] R. Romano et al. Outbreak of community-acquired methicillin-resistant *Staphylococcus aureus* skin infections among a collegiate football team. *Journal of Athletic Training*, 41(2):141-145, 2006.
[238] M. D. King et al. Emergence of community-acquired methicillin-resistant *Staphylococcus aureus* USA300 clone as the predominant cause of skin and soft-tissue infections. *Ann. Intern. Med.*, 144:309-317, 2006.
[239] Nguyen, D. M. et al. Recurring methicillin-resistant *Staphylococcus aureus* infections in a football team. *Emerging Infectious Diseases*, 11(4):526-532, 2005.
[240] Diep, B. A. et al. Emergence of multidrug-resistant, community-associated, methicillin-resistant *Staphylococcus aureus* clone USA300 in men who have sex with men. *Ann. Intern. Med.*, 148:249-257, 2008.
[241] Basak et al. Community associated methicillin-resistant *Staphylococcus aureus* (CA-MRSA) – an emerging pathogen: are we aware? *Journal of Clinical and Diagnostic Research*, 4:2111-2115, 2010.
[242] Sharon Moalem. *How sex works*. Nova York: HarperCollins Publishers, 2009.
[243] G. J. Moran et al. Methicillin-resistant *Staphylococcus aureus* in community-acquired skin infections. *Emerging Infectious Diseases*, 11(6):928-930, 2005.
[244] S. Bratu et al. A population-based study examining the emergence of community-associated methicillin-resistant *Staphylococcus aureus* USA300 in New York City. *Annals of Clinical Microbiology and Antimicrobials*, 5(29), 2006.
[245] J. K. Johnson et al. Skin and soft tissue infections caused by methicillin-resistant *Staphylococcus aureus* USA300 clone. *Emerging Infectious Diseases*, 13(8):1195-1200, 2007.
[246] M. Gilbert et al. Outbreak in Alberta of community-acquired (USA300) methicillin-resistant *Staphylococcus aureus* in people with a history of drug use, homelessness or incarceration. *CMAJ*, 175(2):149-154, 2006.
[247] A. D. Kennedy et al. Epidemic community-associated methicillin-resistant *Staphylococcus aureus*: recent clonal expansion and diversification. *PNAS*, 105(4):1327-1332, 2008.
[248] C. A. Arias et al. MRSA USA300 clone and VREF – a U.S. – Colombian connection? *New England Journal of Medicine*, 359(20):2177-2179, 2008.
[249] A. Tietz et al. Transatlantic spread of the USA300 clone of MRSA. *New England Journal of Medicine*, 353(5):532-533, 2005.

[250] X. W. Huijsdens et al. Multiple cases of familial transmission of community-acquired methicillin-resistant *Staphylococcus aureus*. *Journal of Clinical Microbiology*, 44(8):2994-2996, 2006.
[251] F. Vandenesch et al. Community-acquired methicillin-resistant *Staphylococcus aureus* carrying Panton-Valentine Leukocidin genes: worldwide emergence. *Emerging Infectious Diseases*, 9(8):978-984, 2003.
[252] K. Spirandelli et al. Methicillin/Oxacillin-resistant *Staphylococcus aureus* as a hospital and public health threat in Brazil. *Braz. J. Infect. Dis.*, 14(1):71-76, 2010.
[253] L. Wijaya et al. Community-associated methicillin-resistant *Staphylococcus aureus*: overview and local situation. Ann. *Acad. Med. Singapore*, 35:479-86, 2006.
[254] A. Tristan. et al. Global distribution of Panton-Valentine Leukocidin-positive Methicillin-resistant *Staphylococcus aureus*, 2006. *Emerging Infectious Diseases*, 13(4):594-600, 2007.
[255] S. R. Benoit et al. Community strains of methicillin-resistant *Staphylococcus aureus* as potential cause of healthcare-associated infections, Uruguay, 2002-2004. *Emerging infectious Diseases*, 14(8):1216-1222, 2008.
[256] Stephen R. Benoit et al. Community Strains of Methicillin-Resistant *Staphylococcus aureus* as Potential Cause of Healthcare-associated Infections, Uruguay, 2002-2004. *Emerging Infectious Diseases*, 14(8):1216-1223, 2008.
[257] F. R. Menegotto; S. U. Picoli. *Staphylococcus aureus* oxalicina resistente (MRSA): incidência de cepas adquiridas na comunidade (CA-MRSA) e importância da pesquisa e descolonização em hospital. *RBAC*, 39(2):147-150, 2007.
[258] A. Ribeiro et al. First report of infection with community-acquired methicillin-resistant *Staphylococcus aureus* in South America. *Journal of Clinical Microbiology*, 43(4):1985-88, 2005.
[259] A. Ribeiro et al. Detection and characterization of international community-acquired infections by methicillin-resistant *Staphylococcus aureus* clones in Rio de Janeiro and Porto Alegre cities causing both community- and hospital-associated diseases. *Journal of Infection and Public Health*, 59(3):339-345,2007.
[260] A. M. Vivoni et al. Clonal composition of *Staphylococcus aureus* isolates at a Brazilian university hospital: identification of international circulating lineages. *Journal of Clinical Microbiology*, 44(5):1686-1691, 2006.
[261] L. C. Gelatti et al. *Staphylococcus aureus* resistente a meticilina: disseminação emergente na comunidade. *An. Bras. Dermatol.*, 84(5):501-506, 2009.
[262] R. Rozenbaum et al. The first report in Brazil of severe infection caused by community-acquired methicillin-resistant *Staphylococcus aureus*. *Braz. J. Med Biol. Res.*, 42(8):756-760, 2009.
[263] JoonYoung Song et al. An outbreak of pos-acupuncture cutaneous infection due to *Mycobacterium abscessus*. *BMC Infectious Diseases*, 6(1), 2006.

CAPÍTULO "A PRÓXIMA PESTE VINDA DA ÁFRICA E ÁSIA"

[264] S. I. Trevisanato. Ancient Egyptian doctors and the nature of the biblical plagues. *Medical Hypotheses*, 65(4):811-813, 2005.
[265] N. J. Ehrenkranz et al. Origin of the Old Testament plagues: explications and implications. *Yale Journal of Biology and Medicine*, 81:31-42, 2008.
[266] S. I. Trevisanato. Six medical papyri describe the effects of Santorini's volcanic ash, and provide Egyptian parallels to the so-called biblical plagues. *Cardiovascular Prevention; Rehabilitation*, 67(1):187-190, 2006.
[267] Barbara Janinska. Historic building and mould fungi. Not only vaults are menacing with "Tutankhamen's curse". *Foundations of Civil and Environmental Engineering*, n. 2, 2002.
[268] Richard Fortey. *Earth*: an intimate history. Nova York: Alfred A. Knopf, 2004.
[269] G. H. Gerdes. Rift Valley fever. *Rev. sci. tech. Off. Int. Epiz.*, 23(2):613-623, 2004.
[270] D. Fontenille et al. New vectors of Rift Valley fever in west Africa. *Emerging Infectious Diseases*, 4(2):289-293,1998.
[271] A. Anyamba, et al. Relações entre clima e doença: febre do Vale do Rift, no Quênia. *Caderno de Saúde Pública*, Rio de Janeiro, 17(supl.):133-140,2001.
[272] F. G. Davies et al. Rainfall and epizootic Rift Valley fever. *Bulletin of the World Health Organization*, 63(5):941-943,1985.
[273] G. A. M. Feinsod et al. A possible route for the introduction of Rift Valley fever virus into Egypt during 1977. *J. Trop. Med. Hyg.*, 89(5):233-236,1986.
[274] R. E. Shope et al. The spread of Rift Valley fever and approaches to its control. *Bulletin of the World Health Organization*, 60(3):299-304,1982.

275 V. Martin et al. The impact of climate change on the epidemiology and control of Rift Valley fever. *Rev. sci. tech. Off. Int. Epiz.*, 27(2):413-426, 2008.

276 Mike Davis. *Holocaustos coloniais.* Rio de Janeiro: Record, 2002.

277 T. A. Madani et al. Rift Valley Fever epidemic in Saudi Arabia: epidemiological, clinical, and laboratory characteristics. *Clinical Infectious Diseases*, 37:1084-1092, 2003.

278 T. Shoemaker et al. Genetic analysis of viruses associated with emergence of Rift Valley fever in Saudi Arabia and Yemen, 2000-01. *Emerging Infectious Diseases*, 8(12):1415, 2002.

279 V. Chevailier et al. Epidemiological processes involved in the emergence of vector-borne diseases: West Nile fever, Japanese encephalitis and Crimean-Congo hemorrhagic fever. *Rev. Sci. Tech. Off. Int. Epiz.*, 23(2):535-555, 2004.

280 Andriamandimby, S. F. et al. Rift Valley Fever during Rainy seasons, Madagascar, 2008 and 2009. *Emerging Infectious Diseases*, 16(6):963-970,2010.

281 Gilberto Hochman. O sal como solução? Políticas de saúde e endemias rurais no Brasil. *Sociologias*, Porto Alegre, ano 12, n. 24: 58-193, maio/ago. 2010.

CAPÍTULO "UMA DOR DE CABEÇA NASCE NA ÁSIA"

282 Denise Bernuzzi Sant'anna. *Cidade das águas.* São Paulo: Senac, 2007.

283 S. A. Morais et al. Aspectos da distribuição de *Culex quinquefasciatus say* na região do rio Pinheiros, na cidade de São Paulo, Estado de São Paulo, Brasil. *Revista Brasileira de Entomologia*, 50(3): 413-418, 2006.

284 Gabriel Zorello Laporta. Ecologia de *Culex quinquefasciatus* e de *Culex nigripalpus* no Parque Ecológico do Tietê, São Paulo, Brasil. Tese de mestrado do programa de Pós-graduação em saúde Pública da faculdade de Saúde Pública da Universidade de São Paulo, 2007.

285 Jane Santucci. *Cidade Rebelde*: as revoltas populares no Rio de Janeiro no início do século XX. Rio de Janeiro: Casa da Palavra, 2008.

286 T. Solomon et al. Origin and evolution of Japanese encephalitis virus in southeast Asia. *Journal of Virology*, 77(5):3091-3098, 2003.

287 J. Keiser et al. Effect of irrigated rice agriculture on Japanese encephalitis, including challengs and opportunities for integrated vector management. *Acta Tropica*, 2005.

288 T. E. Erlanger et al. Past, present, and future of Japanese encephalitis. *Emerging Infectious Diseases*, 15(1):1-7, 2009.

289 N. Nitatpattana et al. Change in Japanese encephalitis virus distribution, Thailand. *Emerging Infectious Diseases*, 14(11):1762-1765, 2008.

290 Y. L. Koh et al. Japanese encephalitis, Singapore. *Emerging Infectious Diseases*, 12(3):525-526, 2006.

291 M. Parida et al. Japanese encephalitis outbreak, India, 2005. *Emerging Infectious Diseases*, 12(9):1427-1430, 2006.

292 R. Kumar et al. Clinical features in children hospitalized during the 2005 epidemic of Japanese encephalitis in Uttar Pradesh, India. *Clinical Infectious Diseases*, 43:123-131, 2006.

293 S. A. Ritchie; W. Rochester. Wind-blown mosquitoes and introduction of Japanese encephalitis into Australia. *Emerging Infectious Diseases*, 7(5):900-903, 2001.

294 J. S. Mackenzie, et al. Emerging flaviviruses: the spread and resurgence of Japanese encephalitis, West Nile and dengue viruses. *Nature Medicine Supplement*, 10(12):s98-2108, 2004.

295 J. N. Hanna et al. An outbreak of Japanese encephalitis in the Torres Strait, Australia, 1995. MJA, 165:256-260,1996.

296 A. F. Den Hurk, et al. Vector competence of Australian mosquitoes (Diptera: Culicidae) for Japanese encephalitis virus. *Journal of Medical Entomology*, 40(1):82-90, 2003.

297 Andrew E. van den Hurk et al. Flaviviruses isolated from mosquitoes collected during the first recorded outbreak of Japanese encephalitis virus on Cape York peninsula, Australia. Am. *J. Trop. Med. Hyg.*, 64(3, 4):125-130, 2001.

298 Andrew F. van den Hurk et al. Domestic pigs and Japanese encephalitis virus infection, Australia. *Emerging Infectious Diseases*, 14(11):1736-1738, 2008.

299 R. Ayukawa et al. An unexpected outbreak of Japanese encephalitis in the Chugoku District of Japan, 2002. *Jpn. J. Infect. Dis.*, 57:63-66, 2004.

300 G. D. Burchard, et al. Expert opinion on vaccination of travelers against Japanese Encephalitis. *Journal of Travel Medicine*, 16(issue 3):204-216, 2009.

[301] M. R. Buhl; L. Lindquist. Japanese encephalitis in travelers: review of cases and seasonal risk. *Journal of Travel Medicine*, 16(3):217-219, 2009.
[302] Japanese encephalitis in a U.S. traveller returning from Thailand, 2004. *Public Health Agency of Canada – Canada Communicable Disease Report*, 31, 2005.
[303] Tiroumourougane, S. V. et al. Japanese viral encephalitis. *Postgrad. Med. J.*, 78:205-215, 2002.
[304] David R. Shlim; Tom Solomon. Japanese encephalitis vaccine for travelers: exploring the limits of risk. *Clinical infectious Diseases*, 35(15 jul.):183-188, 2002.
[305] Charles C. Mann. *1491*: new revelations of the Americas before Columbus. Nova York: Alfred A. Knopf, 2005.
[306] Nett, R. J. et al. Potential for the emergence of Japanese encephalitis virus in California. *Vector-Borne and Zoonotic Diseases*, 9(5):511, 2009.
[307] Oya, A. et al. Japanese encephalitis for a reference to international travelers. *Journal of Travel Medicine*, 14(4):259-268,2007.
[308] Pfeffer, M.; Dobler, G. Emergence of zoonotic arboviruses by animal trade and migration. *Parasites; Vectors*, 3:35, 2010.
[309] Solomon, T. et al. Japanese encephalitis. *Journal Neurol. Neurosurg. Psychiatry*, 68:405-415, 2000.

CAPÍTULO "OS PARENTES DO EBOLA"

[310] Mary Dobson. *Disease:* the extraordinary stories behind history's deadliest killers. Londres: Quercus, 2007.
[311] Katherine Ashenburg. *Passando a limpo*: o banho da Roma antiga até hoje. São Paulo: Larousse do Brasil, 2008.
[312] David Igler. Diseased goods: global exchanges in the eastern Pacific basin, 1770-1850. *The American Historical Review*, 109(3), 2004.
[313] Andrew Cliff; Peter Haggett. Time, travel and infection. *British Medical Bulletin*, 69:87-99, 2004.
[314] International travel and health: situation as on 1 january 2010. WHO Library Cataloguing-in-Publication Data. *World Health Organization*, 2010.
[315] D. W. MacPherson et al. Population mobility, globalization, and antimicrobial drug resistance. *Emerging Infectious Diseases*, 15(11):1727-1732, 2009.
[316] P. Bossi et al. Bichat guidelines for the clinical management of hemorrhagic fever viruses and bioterrorism-related hemorrhagic fever viruses. *Euro Surveill.*, 9(12), 2004.
[317] Daniel B. Di Giulio; Paul B. Eckburg. Human monkeypox: an emerging zoonosis. *Lancet infectious Diseases*, 4:15-25, 2004.
[318] First case of importad Marburg hemorrhagic fever in the WHO European Region. WHO, 2009.
[319] A. Timen et al. Response to imported case of Marburg hemorrhagic fever, the Netherlands. *Emerging Infectious Diseases*, 15(8):1171-1175, 2009.
[320] Imported case of Marburg hemorrhagic fever – Colorado, 2008. MMWR, 58(49):1377-1381, 2009.
[321] J. S. Towner et al. Marburg virus infection detected in a common African bat. *PloS One*, 8, 2007.
[322] E. T. Ryan, et al. Illness after international travel. *The New England Journal of Medicine*, 347(7):505-516, 2002.
[323] J. F. Wamala et al. Ebola hemorrhagic fever associated with novel vírus strain, Uganda, 2007-2008. *Emerging Infectious Diseases*, 16(7):1087-1092, 2010.
[324] Richard Rhodes. *Banquetes mortais*: uma nova epidemia. Rio de Janeiro: Campus, 1998.
[325] Ogbu, O. et al. Lassa fever in West african sub-region: an overview. *J. Vect. Borne Dis.*, 44(march):1-11, 2007.
[326] D. Safronetz et al. Detection of Lassa virus, Mali. *Emerging Infectious Diseases*, 16(7):1123-1126, 2010.
[327] K. Richmond; D. J. Baglole Lassa fever: epidemiology, clinical features, and social consequences. *BMJ*, 327(29 nov.):1271-1275, 2003.
[328] O. D. Mantke et al. Quality assurance for the diagnostics of viral diseases to enhance the emergency preparedness in Europe. *Eurosurveillance*, 10(4-6):102-106, 2005.
[329] A. M. Macher; M. S. Wolfe. Historical Lassa fever reports and 30-year clinical update. *Emerging Infectious Diseases*, 12(5):835-837, 2006.
[330] W. H. Haas et al. Imported Lassa fever in Germany: surveillance and management of contact persons. *Clinical Infectious Diseases*, 36:1254-1258, 2003.
[331] S. Gunther et al. Imported Lassa fever in Germany: molecular characterization of a new Lassa virus strain. *Emerging Infectious Diseases*, 6(5):466-475, 2000.

332 T. Briese et al. Genetic detection and characterization of Lujo Virus, a new hemorrhagic fever-associated arenavirus from southern Africa. *PloS Pathogens*, 5(5), 2009.

333 J. T. Paweska et al. Nosocomial outbreak of novel arenavirus infection, Southern Africa. *Emerging Infectious Diseases*, 15(10):1598-1602, 2009.

334 Telma Abdalla de Oliveira Cardoso; Marli de Albuquerque Navarro. Emerging and reemerging diseases in Brazil: data of a recent history of risks and uncertainties. *The Brazilian Journal of Infectious Diseases*, 11(4):430-434, 2007.

335 Robert B. Tesh. Viral hemorrhagic fevers of South America. *Biomédica*, 22:287-295, 2002.

336 M. Barry et al. Brief report: treatment of a laboratory-acquired sabiá virus infection. *The New England Journal of Medicine*, 333(5):294-297, 1995.

337 Luiz Tadeu Moraes Figueiredo. Febres hemorrágicas por vírus no Brasil. *Ver. Soc. Br. Med. Trop.*, 39(2):203-210, 2006.

338 Delgado S. et al. Chapare vírus, a newly discovered arenavirus isolated from a fatal hemorrhagic fever case in Bolivia. *PloS Pathogens*, 4(4), 2008.

339 Mild M. et al. Towards an understanding of the migration of Crimean-Congo hemorrhagic fever virus. *Journal of General Virology*, 91(Pt 1):199-207, 2009.

340 Maltezou H. C.; Papa, A. Crimean-Congo hemorrhagic fever: risk for emergence of new endemic foci in Europe? *Travel Medicine and Infectious Disease*, 8(3):139-143, 2010.

341 Jauréguiberry, S. et al. Imported Crimean-Congo hemorrhagic fever. *Journal of Clinical Microbiology*, 43(9):4905-4907, 2005.

342 Chevallier V. et al. Epidemiological processes involved in the emergence of vector-borne diseases: West Nile fever, Rift Valley fever, Japanese encephalitis and Crimean-Congo hemorrhagic fever. *Rev. Sci. Tech. Int. Epiz.*, 23(2):535-555, 2004.

CAPÍTULO "A PRÓXIMA AIDS"

343 George C. Kohn. *Encyclopedia of plague and pestilence.* Nova York: Facts on File, Inc., 1995.

344 JMS. Pearce. *Journal of Neurology, Neurosurgery and Psychiatry*, 75:1552, 2004.

345 Andrew Goliszek. *Cobaias humanas*: a história secreta do sofrimento provocado em nome da ciência. Rio de Janeiro: Ediouro, 2004.

346 William Carisen. Rogue virus in vaccine: early pólio vaccine harbored vírus now feared to cause câncer in humans. *San Francisco Chronicle*, 15 jul. 2001.

347 Danielle L. Poulin; James A. DeCaprio. Is there a role for SV40 in human cancer? *Journal of Clinical Oncology*, 24(26):4356-4365, 2006.

348 J. S. Butel. *Bulletin of the World Health Organization*, 78(2):195-196, 2000.

349 Paul A. Offit. *Vacinado*: a luta de um homem para vencer as doenças mais mortais do mundo. São Paulo: Ideia&Ação, 2008.

350 Joe Jackson. *The thief at the end of the world.* Penguin Books, 2008.

351 Marc Ferro. *O livro negro do colonialismo.* Rio de Janeiro: Ediouro, 2004.

352 Greg Grandin. Fordlandia: the rise and fall of Henry Ford's forgotten jungle city. Nova York: Metropolitan Books – Henry Holt and Company, 2009.

353 Adam Hochschild. *O fantasma do rei Leopoldo.* São Paulo: Companhia das Letras, 1999.

354 J. D. Sousa et al. High GUD incidence in the early 20th century created a particulary permissive time window for the origin and initial spread of epidemic HIV strains. *PloS one*, 5(4), 2010.

355 Shap, P. M.; Beatrice H. Hahn. "Aids: prehistory of HIV-1". *Nature*, 7213(2 oct.):605-606, 2008.

356 Worobey et al. Direct evidence of extensive diversity of HIV-1 in Kinshasa by 1960. *Nature*, 7213(2 out.): 661-664, 2008.

357 M. Thomas et al. The emergence of HIV/aids in the Americas and beyond. PNAS, 104(47):18566-18570, 2007.

358 G. Bello et al. Evolutionary history of HIV-1 subtype B and F infections in Brazil. Aids, 20:763-768, 2006.

359 Andrew Goliszek. *Cobaias humanas*: a história secreta do sofrimento provocado em nome da ciência. Rio de Janeiro: Ediouro, 2004.

360 Pandrea, I. et al. Into the wild: simian immunodeficiency virus (SIV) infection in natural hosts. *Trends Immunol.*, 29(9):419-428, 2008.

361 Bibollet-Ruche et al. New simian immunodeficiency virus infecting De Brazza's monkeys: evidence for a Cercopithecus monkey virus clade. *Journal of Virology*, 78(14):7748-7762, 2004.

[362] C. Apetrei et al. The history of SIVs and aids: epidemiology, phylogeny and biology of isolates from naturally SIV infected non-human primates (NHP) in Africa. *Frontiers in Bioscience*, 9:225-254, 2004.

[363] J. O. Wertheim; M. Worobey. Dating the age of the SIV lineages that gave rise to HIV-1 and HIV-2. *PloS Computational Biology*, 5(5), 2009.

[364] J. Takehisa et al. Origin and biology of simian immunodeficiency virus in wild-living western gorillas. *Journal of Virology*, 83(4):1635-48, 2009.

[365] T. A. Grimm et al. SIV from multiple lineages infect human macrophagos: implications for cross-species transmission. *JAIDS*, 32:362-369, 2003.

[366] M. Peeters et al. Risk to human health from a plethora of simian immunodeficiency viruses in primate bushmeat. *Emerging Infectious Diseases*, 8(5):451-457, 2002.

[367] S. Souquiere et al. Wild Mandrillus sphinx are carries of two types of lentivirus. *Journal of Virology*, 75(15):7086-96, 2001.

[368] Dados da Organização Mundial da Saúde.

[369] M. Salemi et al. Origin and evolution of human and simian T-cell lymphotropic viruses. Aids, 1:131-139, 1999.

[370] Philippe Lemey et al. Evolutionary dynamics of human retroviruses investigated through full-genome scanning. *Mol. Biol. Evol.*, 22(4):942-951, 2005.

[371] A. B. F. Carneiro-Proietti et al. Infecções e doenças pelos vírus linfotrópicos humanos de células T (HTLV-I/II) no Brasil. *Revista da Sociedade Brasileira de Medicina Tropical*, 35(5):499-508, 2002.

[372] S. L. D. Etenna et al. New insights into prevalence, genetic diversity, and proviral load of human T-cell leukemia virus types 1 and 2 in pregnant women in Gabon in Equatorial Central Africa. *Journal of Clinical Microbiology*, 46(11):3607-3614, 2008.

[373] S. Calvignac et al. Ancient DNA identification of early 20th century simian T-cell leukemia virus type 1. *Mol. Biol. Evol.*, 25(6):1093-1098, 2008.

[374] Calattini, S. et al. Discovery of a new human T-cell lymphotropic virus (HTLV-3) in central Africa. *Retrovirology*, 2(30), 2005.

[375] R. Mahieux; A. Gessain. The human HTLV-3 and HTLV-4 retroviruses: new members of the HTLV family. *Patologie Biologie*, 57(2):161-166, 2009.

[376] L. Meertens et al. A novel, divergent simian T-cell lymphotropic vírus type 3 in a wild-caught red-capped mangabey from Nigeria. *Journal of General Virology*, 84:2723-2727, 2003.

[377] N. D. Wolfe et al. Emergence of unique primate T-lymphotropic viruses among central African bushmeat hunters. PNAS, 102(22):7994-7999, 2005.

[378] D. M. Sintasath, et al. Simian T-lymphotropic vírus diversity among nonhuman primates, Cameroon. *Emerging Infectious Diseases*, 15(2):175-184, 2009.

O AUTOR

Stefan Cunha Ujvari é médico infectologista do Hospital Alemão Oswaldo Cruz – São Paulo. Mestre em doenças infecciosas e especialista em doenças infecciosas e parasitárias pela Escola Paulista de Medicina – Universidade Federal de São Paulo (Unifesp), foi professor substituto da disciplina de Emergência Médica na mesma universidade. É autor de *A história da humanidade contada pelos vírus*, da Editora Contexto.

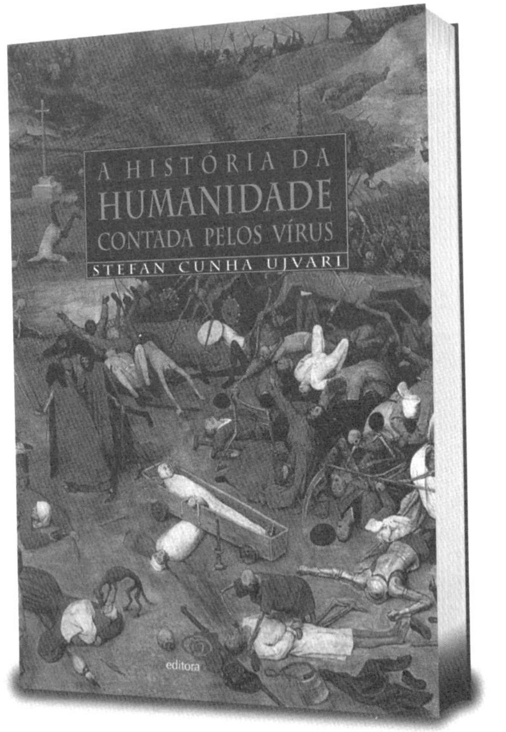

A HISTÓRIA DA HUMANIDADE CONTADA PELOS VÍRUS

Stefan Cunha Ujvari

Malária, sífilis, tuberculose, ebola, gripe, aids, sarampo e outros males que atacam a humanidade revelam muito mais da nossa história do que imaginamos. Os passos do homem ao longo das épocas, pelos continentes, o início da utilização de vestimentas, a convivência com diversos animais, o encontro com outros seres humanos: tudo isso pode ser desvendado agora com o estudo microscópico de vírus, bactérias e parasitos que cruzaram – e cruzam – o nosso caminho. Esses pequenos seres têm sido protagonistas centrais e narradores, não meros coadjuvantes, do processo histórico. Por meio do dna dos microrganismos, podemos saber quando e como as epidemias atuais se iniciaram e de que forma elas condicionaram a existência humana, dizimando populações, estimulando conflitos, infectando combatentes, promovendo êxodos, propiciando miscigenação, fortalecendo ou enfraquecendo povos.

Este livro, escrito por um brilhante médico infectologista brasileiro, em estilo agradável e de fácil leitura, traz a genética definitivamente para a área das ciências do homem.